# 35kV架空线路带电作业指导及典型案例

35kV JIAKONG XIANLU
DAIDIAN ZUOYE ZHIDAO JI
DIANXING ANLI

主编 施剑锋 杨 腾

中国电力出版社
CHINA ELECTRIC POWER PRESS

# 内 容 提 要

本书详细介绍了 35kV 架空线路带电作业的基本理论、作业方法、安全防护措施以及实际操作步骤，并辅以丰富的典型案例分析，力求使读者能够系统掌握 35kV 带电作业的核心知识和技术要点。书中还特别关注了作业过程中可能遇到的实际问题及其解决方案，为作业人员提供了实用的参考和借鉴。

全书共分 6 章，第 1 章讲述了 35kV 带电作业在我国的发展背景和发展历程，第 2 章介绍了带电作业的基本方法和技术要点，第 3 章则重点介绍了所需的劳动防护装备与工器具，第 4 章详细说明了作业的具体步骤，第 5 章列举了典型的带电作业案例，第 6 章进行了总结与展望。

本书旨在为从事 35kV 架空线路带电作业的技术人员和管理人员提供全面、系统的作业指导，帮助带电作业人员更好地理解和掌握 35kV 架空线路带电作业的技术和方法。

**图书在版编目（CIP）数据**

35kV 架空线路带电作业指导及典型案例/施剑锋，杨腾主编. --北京：中国电力出版社，2024.9. --ISBN 978 - 7 - 5198 - 9210 - 4

Ⅰ. TM726.3

中国国家版本馆 CIP 数据核字第 2024LX6416 号

出版发行：中国电力出版社
地　　址：北京市东城区北京站西街 19 号（邮政编码 100005）
网　　址：http://www.cepp.sgcc.com.cn
责任编辑：杨淑玲（010 - 63412602）
责任校对：黄　蓓　王海南
装帧设计：王红柳
责任印制：杨晓东

印　　刷：廊坊市文峰档案印务有限公司
版　　次：2024 年 9 月第一版
印　　次：2024 年 9 月北京第一次印刷
开　　本：710 毫米×1000 毫米　16 开本
印　　张：7.5
字　　数：139 千字
定　　价：75.00 元

# 本书编委会

主　　编　　施剑锋　杨　腾

副 主 编　　李晓莉　王建军　王洪武　庞　峰

编写人员　　刘艳敏　王雪涛　杨　亮　高敬贝　杨长旺

　　　　　　王惠莲　吴奕锴　马大鹏　姜立超　王汉雨

　　　　　　梅云初　许鹏程　王诗婷　武凯丽　李天娇

　　　　　　王　宏　刘沁营　欧宇航　郑永青　顾加辉

　　　　　　李妍红　海俊瑜　万　磊　崔玉坤　郑钰川

　　　　　　王慧悦　刘啸剑　尚智宇　曹　宇　丁子凡

顾问专家　　张锦秀

# 本书参与单位

组编单位　　中能国研（北京）电力科学研究院

主编单位　　国网上海市电力公司

　　　　　　云南电网有限责任公司输电分公司

支持单位　　南方电网科学研究院有限责任公司

　　　　　　云南电网有限责任公司红河供电局

　　　　　　上海交通大学

　　　　　　三峡大学

　　　　　　北京金风科创风电设备有限公司

　　　　　　上海凡扬电力科技发展有限公司

　　　　　　兴化市佳辉电力器具有限公司

　　　　　　山东泰开高压开关有限公司

# 前　　言

　　随着社会经济的快速发展，供电可靠性已成为衡量电力服务质量的关键指标之一。35kV架空线路因其特殊的电压等级，在城市近郊及农村电网中扮演着重要角色，其带电作业技术不仅能够有效减少停电时间，提高供电可靠性，还能显著提升电力系统的运行效率和服务水平。

　　本书详细介绍了35kV架空线路带电作业的基本理论、作业方法、安全防护措施以及实际操作步骤，并辅以丰富的典型案例分析，力求使读者能够系统掌握35kV带电作业的核心知识和技术要点。书中还特别关注了作业过程中可能遇到的实际问题及其解决方案，为作业人员提供参考和借鉴。

　　全书共分6章，内容涵盖35kV架空线路带电作业的发展历程、作业方法、安全措施、典型案例、作业步骤以及所需工具装备等方面。其中，第1章概述了35kV带电作业在我国的发展背景和发展历程，第2章介绍了带电作业的基本方法和技术要点，第3章则重点介绍了所需的劳动防护装备与工器具，第4章详细说明了作业的具体步骤，第5章列举了典型的带电作业案例，第6章进行了总结展望。

　　本书旨在为从事35kV架空线路带电作业的技术人员和管理人员提供全面、系统的作业指导，帮助带电作业人员更好地理解和掌握35kV架空线路带电作业的技术和方法，促进作业的安全高效进行，同时也为推动我国35kV带电作业技术的发展贡献一份力量。

　　本书在编写过程中得到了国网上海市电力公司、云南电网有限责任公司输电分公司、中能国研（北京）电力科学研究院等单位及领导的大力支持，在此一并表示感谢。

　　由于时间仓促，编写水平有限，书中难免有不妥之处，恳请广大读者批评指正。

编者

2024年7月

# 目　　录

# 第1章 概 述

## 1.1 我国 35kV 带电作业发展状况

1954 年 5 月 2 日晚 8 时 40 分，鞍山铁西区人民路 3.3kV 北干线 25 号杆右 1 分支杆上的高压保险器短路冒火，当夜值班的鞍山电业局配电科副科长刘长庚得知后，为了不影响工厂生产和人民欢度"五一"劳动节，他戴绝缘手套带电处理了故障。刘长庚虽然做了一件好事，但是违反了安全工作规程，受到了电业局的警告处分，为此，他决定研究带电处理电气设备缺陷的工具，提出了在螺丝刀和钳子上安装绝缘来实现不停电检修的方法。中国带电作业的幼苗，在以刘长庚为代表的一批电业工人的培植下破土而生了。

1954 年 5 月 12 日，鞍山电业局（现鞍山供电公司）的工人和技术人员在上级领导的支持下，以"生字 0358 号"通知号召职工开展带电作业技术研究。该通知中共有 6 项课题，其中第五项是创造各种带电作业用的绝缘工具，例如低压作业、高压换熔管、安装绝缘子开关、接引线、换针式绝缘子、清扫绝缘子等。这一通知下发后，职工们纷纷提合理化建议，技术革新的热情如火如荼，至 7 月初鞍山电业局就收到合理化建议和技术革新方案 81 个。当年就研制出带电作业绝缘工具 13 件。1954 年 5 月 12 日作为鞍山电业局带电作业创始日载入局志中。同样，这一天也作为中国带电作业发展开端载入中国带电作业史册。

1956 年 6 月 14 日，鞍山电业局成立由张仁杰任组长的中国第一个带电作业专业组。不久，鞍山电业局又试制出 22～66kV 单回线路直线杆不停电更换电杆、绝缘子串的升降涨缩型工具。1956 年 10 月，第一批 3.3～66kV 不停电检修配套工具全部研制成功，共包括各种工器具 60 种 81 件。这些工具可在 3.3kV 直线杆单层横担 2～6 条导线、双层横担的 5～10 条导线的设备上更换木杆、横担及绝缘子，可在 22～33kV 直线杆单层横担的 3 条导线水平排列或三角排列设备上更换电杆、横担及绝缘子，可在 33～66kV 直线 π 型的 3 条导线水平排列并带有架空地线的设备上更换电杆、横担及绝缘子；还可在 3.3～66kV 直线杆上进行电杆补强（更换接腿）和处理有关缺陷等工作。

为了加速不停电检修工具的研究和试制工作，1956 年 11—12 月，沈阳电业管理局多次向电力工业部领导建议，把赴苏联学习并回国的四位同志集中在一起研究带电作业技术、项目、工具，并拟定规程制度。经电力工业部生产司、干部司与北京电业局有关领导研究决定，鞍山电业局继续研制 3.3～66kV 第二代带电作业工具。沈阳电业管理局领导亲赴鞍山视察指导，并前往营华线观看现场操作，及时肯定鞍山电业局的研究成果。这一系列决策，加快了中国带电作业技术发展的步伐，老一辈的卓识远见和开拓精神为中国带电作业发展做出了杰出的贡献。

1957 年 1—7 月，根据上级要求，鞍山电业局抽调专业人员参照日本、美国的有关资料，开始研制第二代 3.3～66kV 不停电检修全套工具。通过省内外上百个兄弟单位和厂家的通力协作，在摸清带电作业工具材质要求后，终于在 1957 年年底研制出第二批 3.3～66kV 不停电检修工具，并整理出 150 多种共 378 件工具的图纸数百张，编写了 3.3～66kV 不停电检修安全及操作规程十余万字。通过培训作业队伍，制定不停电检修工作规程，鞍山电业局开始把不停电检修技术列入设备的正常检修方法之中。

1957 年 8 月，为适应带电作业快速发展的需要，鞍山电业局组建不停电检修班，下设特高压检修组和超高压检修组，对不停电检修班的成员提出了严格的要求。该不停电检修班的任务是将带电作业方法列为正常检修方法，负责带电运维全局输配电线路，参与带电作业工具的研制、使用和改进工作。

1958 年 9 月，鞍山电业局组建的不停电检修班已能运用支拉杆法更换 35kV 单杆及 π 型杆的三角及水平排列的绝缘子。之后，又采用三角升降器进行带电更换绝缘子、横担、电杆等工作。1959 年 10 月开始在全局输配电线路上正式推行带电作业。

1960 年，辽吉电业管理局制定了《高压架空线路不停电检修安全工作规程》，成为我国第一部具有指导性意义的带电作业规程。它的发布标志着我国带电作业已步入正轨。此后带电作业在电力部领导的支持下，很快被推广到全国，各地 3.3～220kV 输配电线路带电作业发展空前繁荣。

## 1.2　35kV 典型输电线路杆塔

截至 2020 年年底，我国 35kV 架空线路共有 538 248km，主要分布在北京、上海、广州等一线城市及部分省市的农村地区，是输电线路中一个重要组成部分，也是城市近郊及农村供电网的主要架构的应用。

35kV 架空线路可按如下方式进行划分：

按回路数划分，主要有单回、双回。

按杆塔型式划分，主要有直线杆、转角杆、终端杆、电缆登杆装置。

按杆塔材料划分，主要有角钢塔、钢管杆、混凝土杆。

按绝缘子悬挂方式划分，主要有横担式、悬式。

## 1.2.1　单回路直线杆塔

### 1. 下字型单回路直线杆

下字型单回路直线杆采用混凝土杆或钢管杆及角钢横担搭建，三相导线呈下字型布置，如图 1-1 所示。

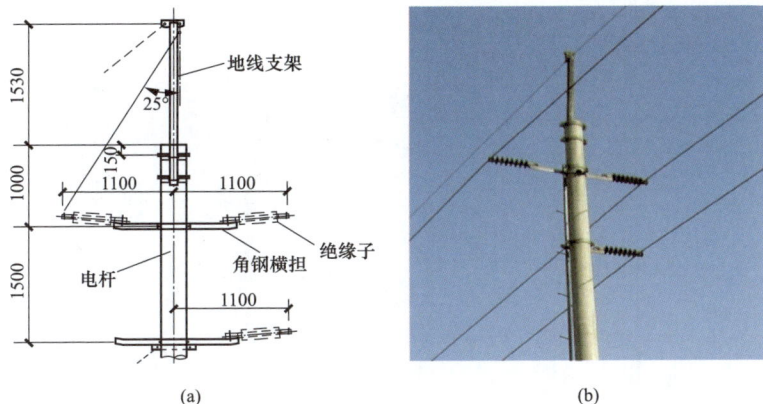

图 1-1　下字型单回路直线杆（单位：mm）
（a）结构设计图；（b）实物图

下字型单回路直线杆采用棒式绝缘子的悬挂方式。

（1）杆塔环境。

下字型单回路直线杆的下层导线对地高度为 13.5～16.5m，杆塔所处区域一般以大型城市外围道路和农村地区为主，因城市配电网走廊较为有限，下层一般由 10kV 导线或 400V 导线合杆架设，采用下字型而非上字型排列，是为了降低城市道路行道树或建筑物等对线路运行的影响。杆塔与地面之间一般无拉线，若略带转角则会有转角拉线，大档距或小转角电杆横担及棒型绝缘子一般采用双拼布置。

（2）作业间隙。

上、下层导线距离 1.5～1.6m，导线距电杆中心 0.9～1.1m，上层导线距避雷线及杆顶约 1.5m，如有 10kV 线路合杆架设，下层导线距离 10kV 横担约 2.0m。

（3）绝缘子类型。

下字型直线杆绝缘子分为瓷质棒型绝缘子（S-35/5.0）和硅橡胶复合棒型绝缘子（FS-35/5.0）两类，现在新建线路大多采用硅橡胶复合棒型绝缘子（FS-35/5.0），由单个绝缘子连接横担与导线。

3

2. 上字型单回路直线杆

上字型单回路直线杆采用混凝土杆或钢管杆及角钢横担搭建，三相导线呈上字型布置，如图 1-2 所示。

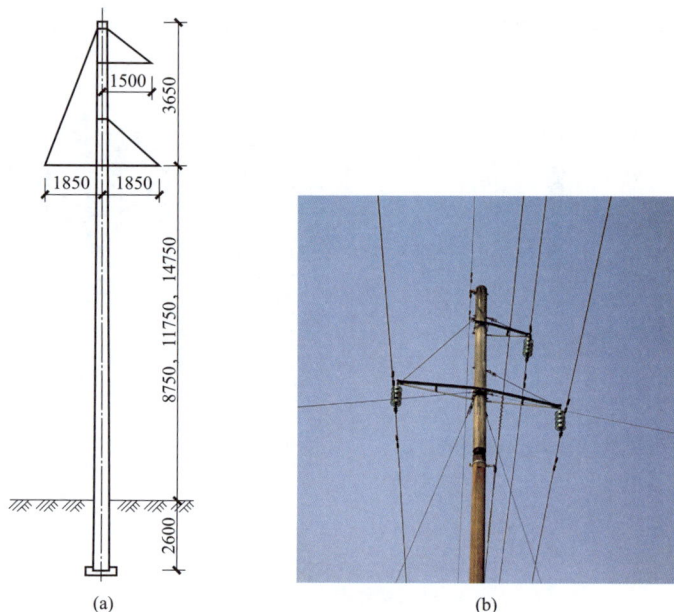

图 1-2　上字型单回路直线杆（单位：mm）

（a）结构设计图；（b）实物图

上字型单回路直线杆采用悬式绝缘子的悬挂方式。

（1）杆塔环境。

上字型单回路直线杆的下层导线对地高度为 13.5～16.5m，杆塔所处区域一般以大型城市外围道路和农村地区为主。杆塔与地面之间一般无拉线，若略带转角则会有转角拉线，大档距或小转角电杆横担及棒型绝缘子一般采用双拼布置。

（2）作业间隙。

上、下层导线距离 1.5～1.6m，导线距电杆中心 0.9～1.1m，上层导线距避雷线及杆顶约为 1.5m，如有 10kV 线路合杆架设，下层导线距离 10kV 横担约 2.0m。

（3）绝缘子类型。

上字型直线杆绝缘子分为瓷质棒型绝缘子（S-35/5.0）和硅橡胶复合棒型绝缘子（FS-35/5.0）两类，现在新建线路大多采用硅橡胶复合棒型绝缘子（FS-35/5.0），由单个绝缘子连接横担与导线。

3. 上字型单回路直线塔

上字型单回路直线铁塔采用角钢搭建的单回线路直线塔，三相导线呈上字型布置，如图 1-3 所示。

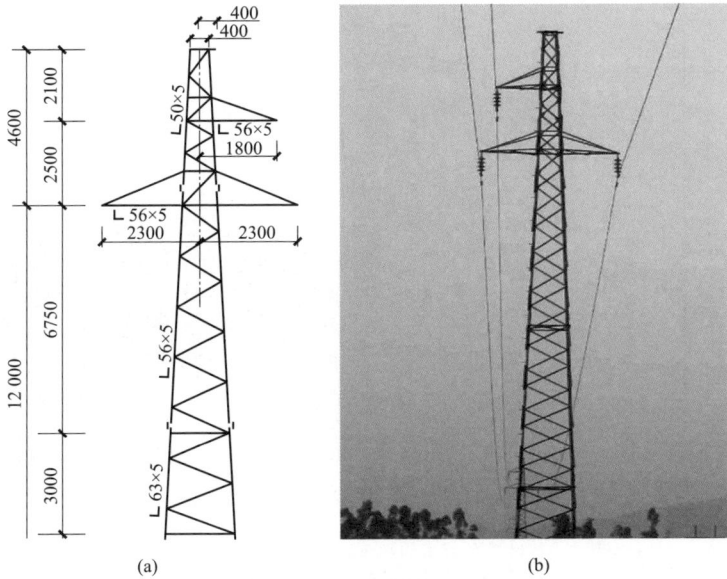

图 1-3 上字型单回路直线塔（单位：mm）

(a) 结构设计图；(b) 实物图

上字型单回路直线塔采用悬式绝缘子悬挂技术。

（1）杆塔环境。

上字型铁塔的导线对地高度为 14.5～23m，杆塔所处区域一般以山地为主，少量杆塔位于村庄内。杆塔与地面之间无拉线。

（2）作业间隙。

上、下层导线距离上方横担 1m。上层导线距离侧面塔身 1～1.5m，距离下方横担约 2m；下层导线距离侧面塔身 1.5～2m。相邻导线间距为 3m 左右。

（3）绝缘子类型。

上字型铁塔绝缘子分为玻璃绝缘子和复合绝缘子两类，其中玻璃绝缘子为 3 片，由单串绝缘子串与导线连接。

4. 门型直线杆

门型单回直线杆由两根水泥杆以及横担组成，三相导线呈水平布置，如图 1-4 所示。

（1）杆塔环境。

门型直线杆导线对地高度为 9～21m，杆塔所处区域一般以山地为主，少量杆塔位于村庄内。杆塔与地面之间由 4～8 根拉线进行固定。

5

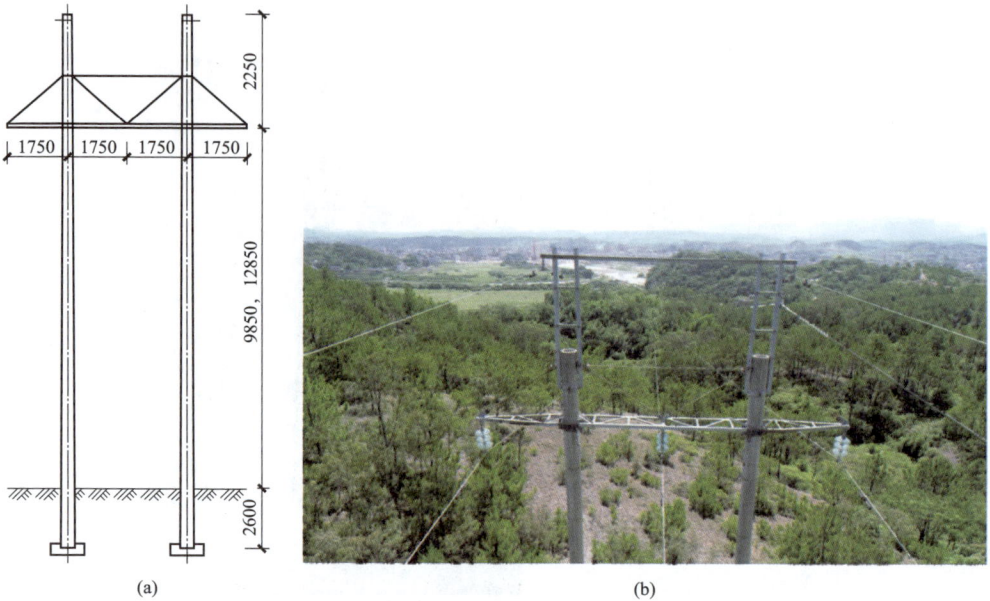

图 1-4　门型直线杆（单位：mm）

（a）结构设计图；（b）实物图

（2）作业间隙。

两个边相的作业间隙相同，与上方横担间距为 0.9～1m，与侧面杆塔间距 1.3～2.4m。

中相导线位于两个水泥杆之间 1/2 处，距离上方横担与边相导线相同为 0.9～1m，距离塔身 1.3～1.5m。边相导线与中相导线的间距为 3m 左右。

（3）绝缘子类型。

门型直线塔绝缘子分为玻璃绝缘子和复合绝缘子两类，其中玻璃绝缘子为 3 片，由单串绝缘子串与导线连接。

### 1.2.2　双回路直线杆塔

#### 1. 双回路直线杆

垂直排列双回路直线杆采用混凝土杆或钢管杆及角钢横担搭建，每回路三相导线呈上、中、下垂直排列，分别布置于电杆两侧，如图 1-5 所示。

双回路直线杆采用棒式绝缘子悬挂方式。

（1）杆塔环境。

双回路直线杆的最下层导线对地高度约为 12～15m，杆塔所处区域一般以大型城市外围道路和农村地区为主，因城市配网走廊较为有限，一般下层有 10kV

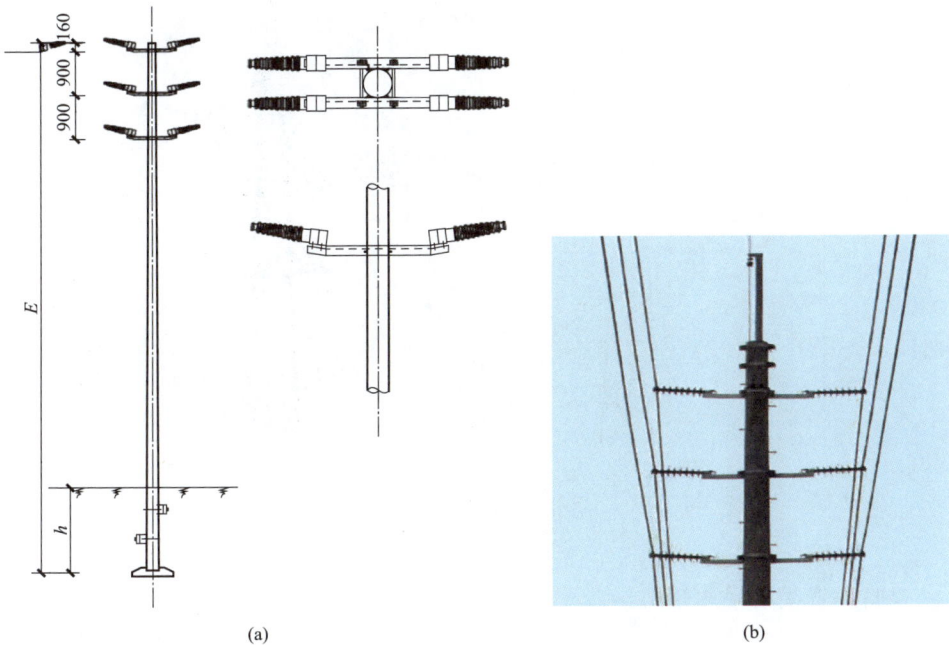

图 1-5　双回路直线杆实物图（单位：mm）

（a）结构设计图；（b）实物图

导线或 400V 导线合杆架设，杆塔与地面之间一般无拉线，若略带转角则会有转角拉线，大档具或小转角电杆横担及棒型绝缘子一般采用双拼布置。

（2）作业间隙。

上、中、下层导线距离约 1.5～1.6m，导线距电杆中心 0.9～1.1m，上层导线及避雷线距杆顶约为 1.5m，如有 10kV 线路合杆架设，最下层导线距离 10kV 横担约 2.0m。

（3）绝缘子类型。

双回路直线杆绝缘子分为瓷质棒型绝缘子（S-35/5.0）和硅橡胶复合棒型绝缘子（FS-35/5.0）两类，现在新建线路大多采用硅橡胶复合棒型绝缘子（FS-35/5.0），由单个绝缘子连接横担与导线。

### 2. 双回路直线塔

双回直线铁塔为角钢结构，每回路三相导线呈上、中、下排列，分别布置于铁塔两侧，一般中相角钢横担相对较长，设计时根据现场环境，有时两侧角钢横担可以不对称，如图 1-6 所示。

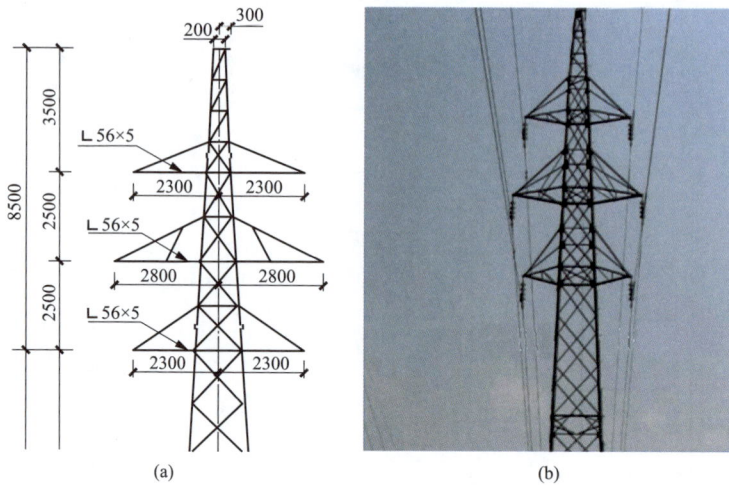

图 1-6　双回路直线塔（单位：mm）

（a）结构设计图；（b）实物图

双回路直线塔采用悬式绝缘子的悬挂方式。

（1）杆塔环境。

双回直线塔的导线对地高度约为 20～28m，杆塔所处区域一般为山地丘陵地带，高度根据地势及跨越障碍高度或宽度，综合考虑经济因素而设置。

（2）作业间隙。

双回线路分别位于杆塔两侧对称布置，上、下层导线距离侧面塔身 1.5m，中层导线距离侧面塔身 2.0m，导线距离上方横担 1.3m，距离下方横担 1.2m。

（3）绝缘子类型。

双回直线铁塔一般使用单串复合绝缘子或玻璃绝缘子，其中玻璃绝缘子串包含 3 片绝缘子。

## 1.2.3　单回路耐张（分段）杆塔

### 1. 下字型单回路耐张杆

下字型单回路耐张杆采用混凝土杆或钢管杆及角钢横担搭建，三相导线呈下字型布置，如图 1-7 所示。

（1）杆塔环境。

下字型单回路耐张杆的下层导线对地高度约为 13.5～18.5m，杆塔所处区域一般以大型城市外部道路和农村地区为主，因城市配网走廊较为有限，一般下层有 10kV 导线或 400V 导线合杆架设，采用下字型而非上字型排列，是为了降低城市道路行道树或建筑物等对线路运行的影响。杆塔与地面之间一般无拉线，若略带转角则会有转角拉线。

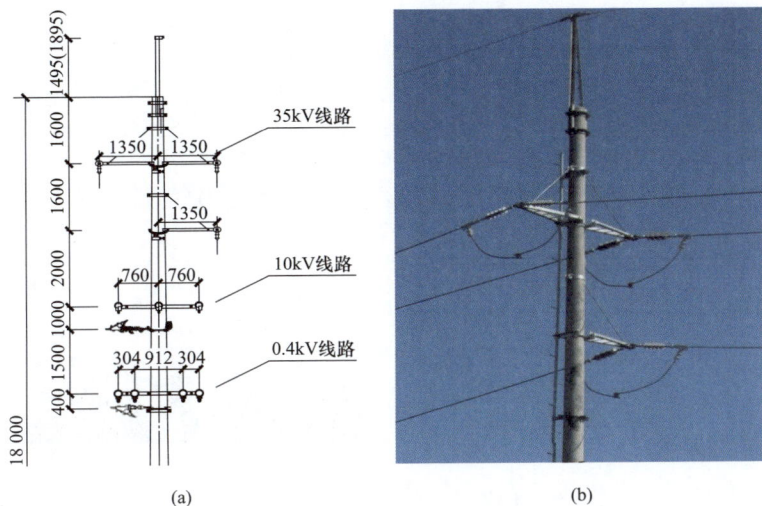

图 1-7 下字型单回路耐张杆（单位：mm）

(a) 结构设计图；(b) 实物图

（2）作业间隙。

上、下层导线距离约 1.5～1.6m，导线距离电杆中心约为 1.35m，上层导线距离避雷线杆顶约为 1.5m，如有 10kV、0.4kV 线路合杆架设，下层导线距离 10kV 横担约为 2.0m。

（3）绝缘子类型。

下字型单回路耐张杆绝缘子一般使用单串硅橡胶复合棒型拉棒绝缘子（FX-BW4-35）或玻璃（瓷质）绝缘子（XP-70），其中玻璃（瓷质）绝缘子串包含 4～5 片绝缘子。

### 2. 上字型单回路耐张塔

上字型单回路耐张塔是以角钢为主材构件的单回分段杆塔，其导线为上字型布置，下层两相导线为左右对称布置，如图 1-8 所示。

（1）杆塔环境。

上字型单回路耐张塔的下层导线对地高度为 19.5m，杆塔所处区域一般为山地和丘陵地带。

（2）作业间隙。

分段跳线距离侧面塔身 1.5m，距离上方横担约 0.7m，上层跳线距离下方横担 2.5m。三相导线距离横担 1.5m。

（3）绝缘子类型。

上字型单回路耐张塔采用硅橡胶拉棒绝缘子（FXBW4-35），也可采用瓷质

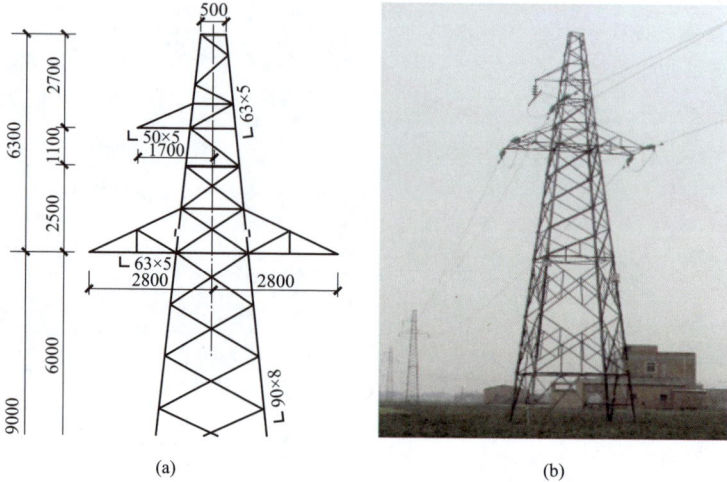

(a)　　　　　　　　　　(b)

图 1-8　上字型单回路耐张塔（单位：mm）

（a）结构设计图；（b）实物图

（玻璃）绝缘子串（XP-70），瓷质（玻璃）绝缘子串由 4 片组合构成，上层跳线绝缘子串采用 3 片玻璃绝缘子为一体的单联结构，在大档距或跨越高速、铁路、河流等区域，可以采用双串并联以加强可靠性。

### 3. 门型单回路耐张杆

门型耐张杆采用两根混凝土杆与角铁横担组成，三相导线呈水平布置，分别位于门型杆的两侧和中间处，如图 1-9 所示。

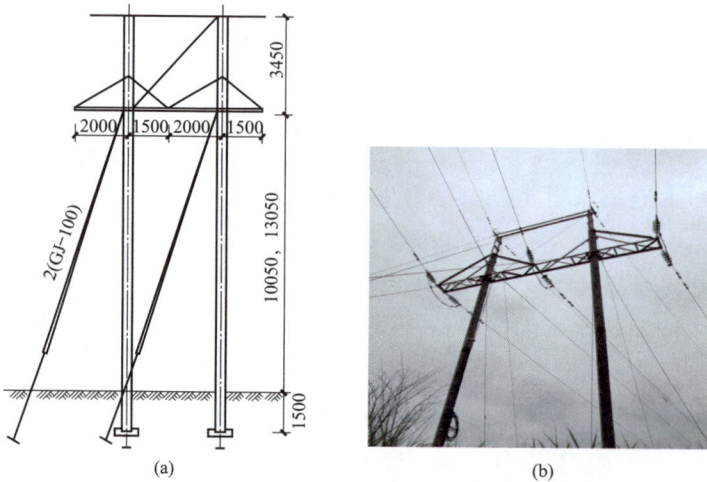

(a)　　　　　　　　　　(b)

图 1-9　门型单回路耐张杆（单位：mm）

（a）结构设计图；（b）实物图

（1）杆塔环境。

门型耐张杆的导线距离地面 15～20m，杆塔所处区域一般为山地。

（2）作业间隙。

门型耐张杆的跳线距离上方横担 0.7m，两边相跳线距离侧面塔身 1.5m，三相导线距离横担 1.5m。

（3）绝缘子类型。

门型耐张杆采用单联玻璃绝缘子串（XP-70）或硅橡胶复合拉棒绝缘子（FXBW4-35），玻璃绝缘子串包含 4 片绝缘子，无跳线绝缘子。

### 1.2.4　双回路耐张（分段）杆塔

#### 1. 垂直排列双回路耐张（分段）杆

垂直排列双回路耐张杆采用混凝土杆或钢管杆及角钢横担搭建，每回路三相导线呈上、中、下垂直排列，分别布置于电杆两侧，如图 1-10 所示。

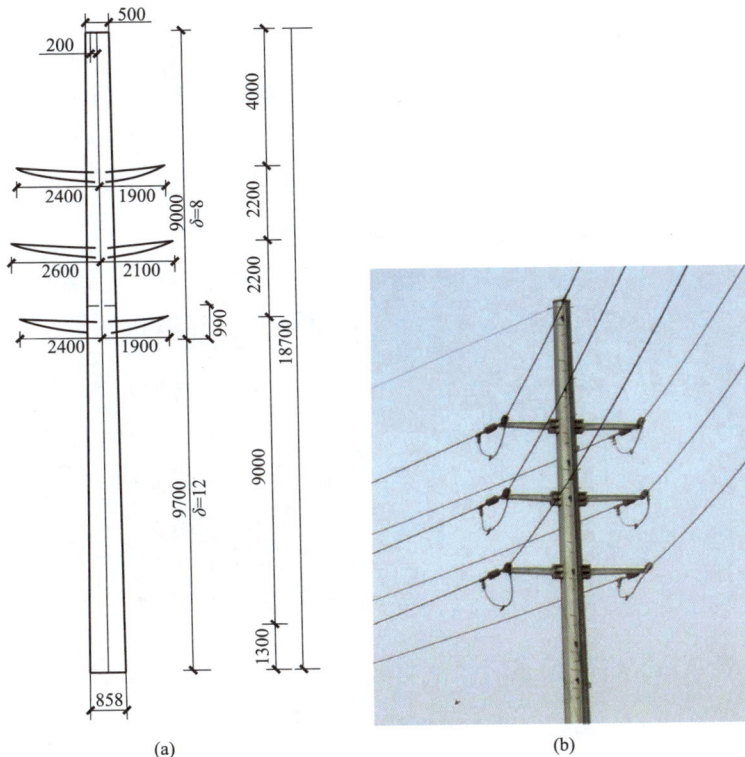

图 1-10　垂直排列双回路耐张（单位：mm）

（a）结构设计图；（b）（分段）杆实物图

（1）杆塔环境。

垂直排列双回路耐张杆的下层导线对地高度约为13.5～18.5m，杆塔所处区域一般以大型城市外围道路和农村地区为主，因城市配网走廊较为有限，一般下层有10kV导线或400V导线合杆架设，采用下字型而非上字型排列，是为了降低城市道路行道树或建筑物等对线路运行的影响。杆塔与地面之间一般无拉线，若略带转角则会有转角拉线。

（2）作业间隙。

上、下层导线距离约1.5～1.6m，导线距电杆中心约为1.35m，上层导线距避雷线距杆顶约为1.5m，如有10kV、0.4kV线路合杆架设，下层导线距离10kV横担约2.0m。

（3）绝缘子类型。

垂直排列双回路耐张杆绝缘子一般使用单串复合绝缘子或玻璃（瓷质）绝缘子，其中玻璃（瓷质）绝缘子串包含4～5片绝缘子。

## 2. 垂直排列双回耐张（分段）塔

垂直排列双回耐张（分段）塔是以角钢为主材构件的双回耐张塔，每回路三相导线呈上、中、下垂直排列，分别布置于铁塔两侧，一般中相角钢横担相对较长，根据现场环境，设计时有时两侧角钢横担可以不对称，如图1-11所示。

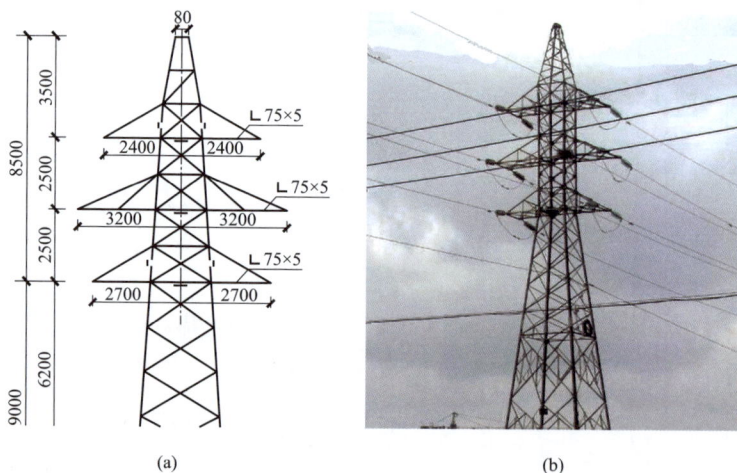

图1-11　垂直排列双回耐张（分段）塔（单位：mm）
（a）结构设计图；（b）实物图

（1）杆塔环境。

垂直排列双回耐张（分段）塔的下层导线对地高度为12.5～19.5m，杆塔所处区域一般为山地和丘陵地带。

（2）作业间隙。

分段跳线距离侧面塔身1.5m，距离上方横担约0.7m，上层跳线距离下方横担2.5m。三相导线距离横担1.5m。

（3）绝缘子类型。

垂直排列双回路耐张（分段）塔采用硅橡胶拉棒绝缘子，也可采用瓷质（玻璃）绝缘子串，瓷质（玻璃）绝缘子串由4～5片组合构成，无跳线绝缘子，在大档距或跨越高速、铁路、河流等区域，可以采用双串并联以加强可靠性。

## 1.2.5 电缆登杆

### 1. 垂直排列单杆电缆登杆

垂直排列单杆电缆登杆采用混凝土杆或钢管杆及角钢横担搭建，三相导线上、中、下垂直布置，杆型可以是直线杆，也可以是耐张杆或终端杆，如图1-12所示。

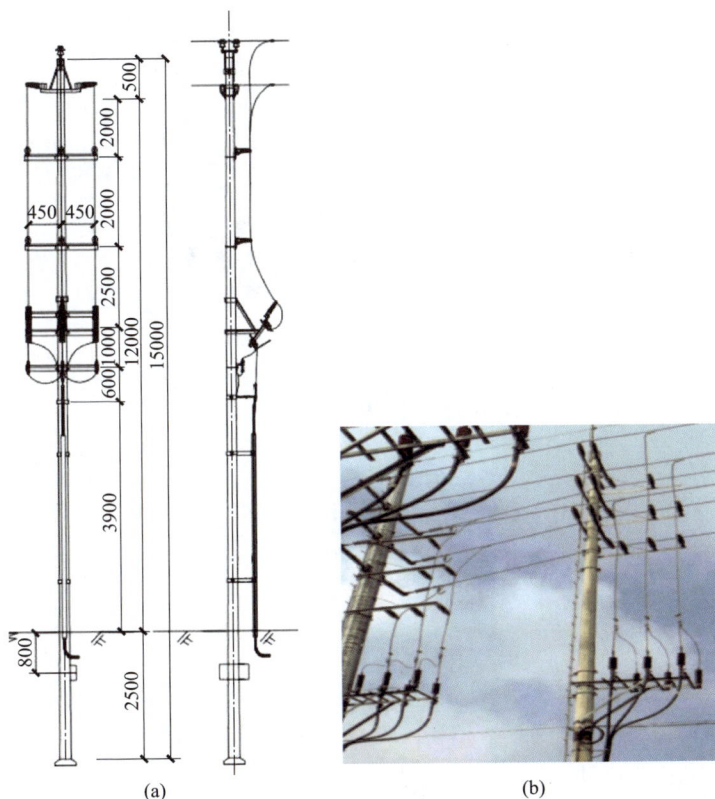

图1-12　垂直排列单杆电缆登杆装置（单位：mm）

（a）结构设计图；（b）实物图

**2. 垂直排列单杆电缆登杆**

垂直排列单杆电缆登杆采用混凝土杆或钢管杆及角钢横担搭建，杆型可以是直线杆，也可以是耐张杆或终端杆，如图1-13所示。

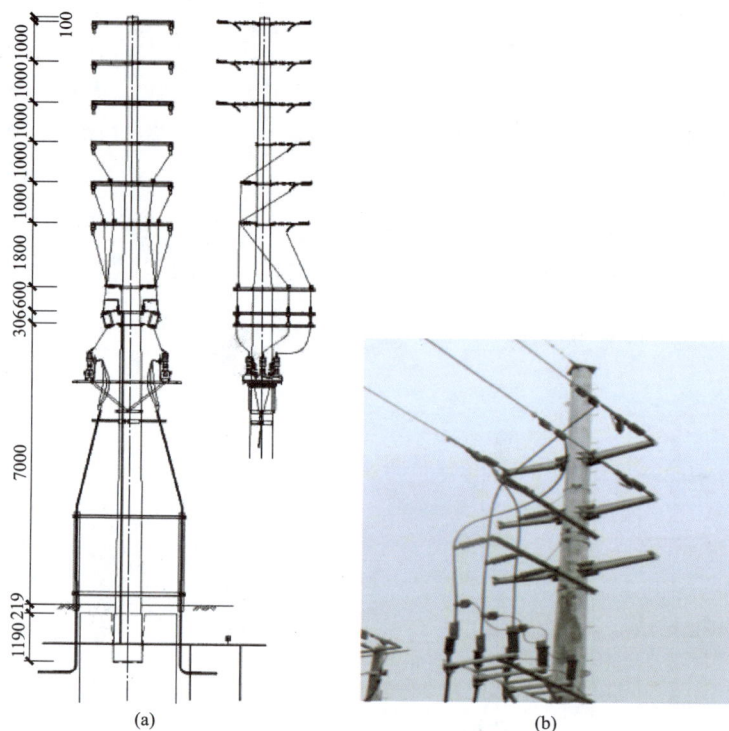

图1-13　垂直排列单杆电缆登杆实物图（单位：mm）

（a）结构设计图；（b）实物图

**3. 门型杆终端电缆登杆**

门型杆电缆登杆采用混凝土杆或钢管杆及角钢横担搭建，三相导线下字型布置，主杆杆型可以是直线杆，也可以是耐张或终端杆，副杆低于主杆，是为了搭建电缆平台设置，如图1-14所示。

（1）杆塔环境。

门型杆电缆登杆的下层导线对地高度为13.5～18.5m，杆塔所处区域一般以大型城市外围道路和农村地区为主，因城市配电网走廊较为有限，一般下层有10kV导线或400V导线合杆架设。

（2）作业间隙。

上、下层导线距离为1.5～1.6m，电缆引线间距0.7m，电杆侧绝缘子及引线距离电杆0.8m，上层导线与避雷线距离杆顶为1.5m，如有10kV、0.4kV线

14

路合杆架设，下层导线距离 10kV 横担 2.5～3.5m。

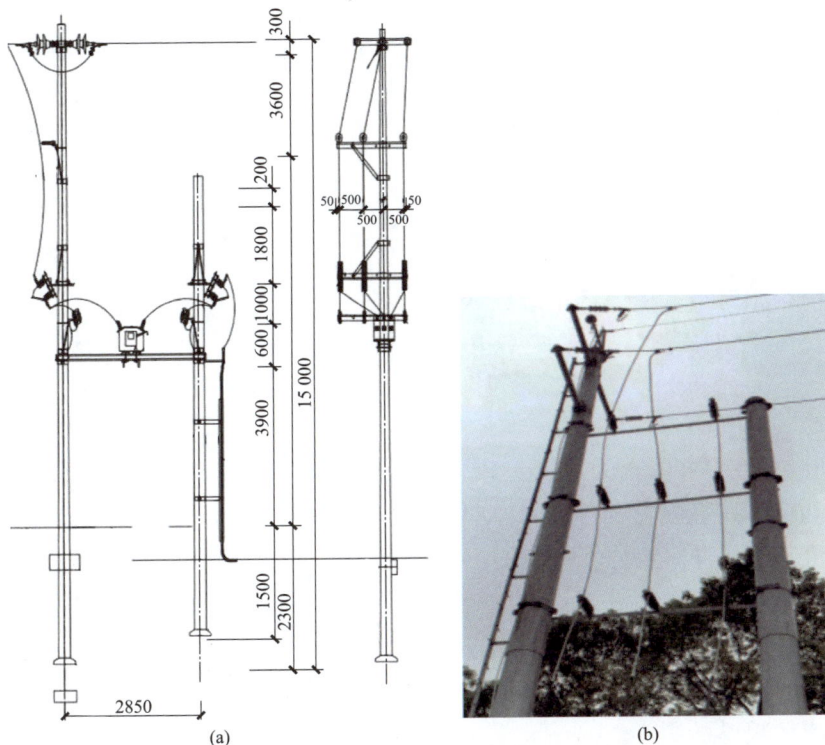

图 1-14　门型杆终端电缆登杆实物图（单位：mm）

（a）结构设计图；（b）实物图

（3）绝缘子类型。

门型杆电缆登杆直线杆绝缘子一般使用硅橡胶复合棒型绝缘子（FS-35/5.0），耐张杆采用硅橡胶复合棒型拉棒绝缘子（FXBW4-35）。

## 1.3　35kV 架空线路带电作业试验与研究

### 1.3.1　高海拔带电作业短间隙的海拔修正和绝缘配合方法

**1. 高海拔带电作业短间隙的海拔修正方法**

（1）相对气压修正方法。

20 世纪 70 年代，研究者发现可以采用空气密度、气温和绝对湿度三个参量来考虑海拔对电气外绝缘特性的影响。在高海拔地区，由于海拔高、气压低、相对空气密度小，放电电压将降低。气压和气温的变化可以反映在相对空气密度的变化上，而绝对湿度则可以作为一个独立参数，因此，1973 年，国际电工委员

会在 IEC 60.1—1973 中规定了用相对空气密度和绝对湿度两个参数对外绝缘放电电压进行校正，即

$$U_f = U_{of} K_2$$

式中：$U_f$ 为实际大气条件下的放电电压，kV；$U_{of}$ 为标准参考大气条件下的放电电压，kV；$K_2$ 为大气条件校正系数，可用相对空气密度修正系数 $K_\delta$ 和绝缘湿度修正系数 $K_h$ 的比来表示，即

$$K_2 = \frac{K_\delta}{K_h}$$

其中，相对空气密度修正系数 $K_\delta$ 为

$$K_\delta = \left(\frac{P}{P_0}\right)^m \times \left(\frac{273 + t_0}{273 + t}\right)^n$$

式中：$P$ 为大气压力；$P_0$ 为标准大气压力，$P_0 = 101.3 \text{kPa}$；$t_0$ 为标准参考大气条件温度，$t_0 = 20℃$；$t$ 为温度。式中，特征指数 $m$、$n$ 由试验间隙类型、电压类型等确定。在直流电压与雷电冲击电压下，$m = n = 1.0$；对棒—板、棒—棒间隙在交流和操作冲击电压下可由图 1-15 曲线查出。

而绝对湿度修正系数 $K_h$ 为

$$K_h = K_1^w$$

式中，$K_1$ 为绝对湿度的函数，可由图 1-16 查出，绝对湿度 $h$ 可以通过干、湿球温度计读数测得。

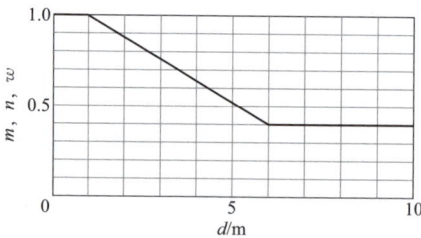

图 1-15　空气密度校正指数 $m$、$n$ 和湿度校正指数 $w$ 与间隙距离 $d$ 的关系曲线

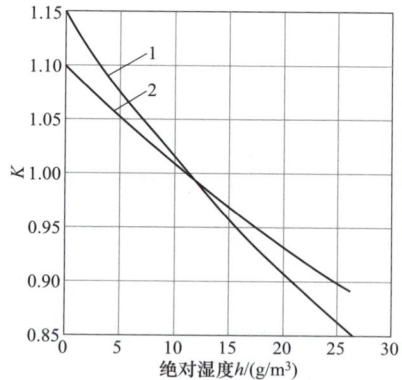

图 1-16　湿度校正因数和绝对湿度关系曲线
1—交流电压；2—直流和冲击电压

20 世纪 90 年代中后期，根据试验研究和理论分析的深入发展，研究人员发现湿度对外绝缘放电电压的影响和预放电类型之间存在密切关系，因而国际电工委员会在 IEC 60060-1 中对于 2000m 以下地区提出了以参数 $g$ 为基础，用相对空

气密度和绝对湿度两个参数来表征大气条件对电气外绝缘放电电压的影响，引入了独立的湿度校正因数。在此基础上，现今大多数国家对海拔 2000m 以下地区外绝缘放电电压的校正形成了统一观点，如《高电压试验技术　第 1 部分：一般定义及试验要求》（GB/T 16927.1—2011）中采用以参数 $g$ 为基础的用相对空气密度和绝缘湿度两个参数对外绝缘放电电压进行校正的方法，即：

$$U_{f}=U_{0,f} \times K_{\delta} \times K_{h}=U_{0,f} \times \left(\frac{P}{P_{0}} \times \frac{273+t_{0}}{273+t}\right)^{m} \times K^{w}$$

对于海拔 2000m 以下地区，其指数 $m$ 和 $w$ 值依赖于参数 $g$。

从国内外的研究现状来看，目前对海拔 2000m 以下地区基本有了一致的标准和规则，但是对于高海拔地区的校正方法还处在研究阶段，现有的共识是在不同的海拔条件下，外绝缘放电电压与气压比之间都有幂指函数关系，即：

$$U_{f}=\left(\frac{P}{P_{0}}\right)^{n} U_{0,f}$$

式中：$n$ 为气压对外绝缘放电电压影响的特征指数。

根据这一观点，重庆大学利用多功能人工气候室对高海拔大气条件下的外绝缘放电电压校正进行了研究，认为气压 $P$ 是温度 $t$、$h$、$\delta$ 的综合反映，$P$ 反映了海拔对外绝缘放电特性的影响，因此可由相对气压 $P/P_{0}$ 来校正放电电压。

（2）$m$ 参数修正方法。

DL/T 593—2016《高压开关设备和控制设备标准的共用技术要求》给出的海拔校正因数 $K_{a}$ 为：

$$K_{a}=e^{m\frac{H-1000}{8150}}$$

式中，$m$ 的取值为：对工频、雷电冲击和相间操作冲击时，$m=1$；对纵绝缘操作冲击时，$m=0.9$；对相间对地操作冲击时，$m=0.75$。$H$ 为电气设备所在位置的海拔。

GB/T 311.2—2013《绝缘配合　第 2 部分：使用导则》提出了与海拔、冲击电压类型有关的海拔修正方法，规定了海拔 2000m 及以下修正因数 $K_{a}$ 的计算公式：

$$K_{a}=e^{m\frac{H}{8150}}$$

修正因子 $m$ 主要和操作冲击耐受电压有关，对于不同绝缘方式，修正因子 $m$ 对应图 1-17 曲线。可以看到，修正因子随操作冲击耐受电压的增大而减小，在相同耐受电压下，棒—板间隙的修正因子最小。

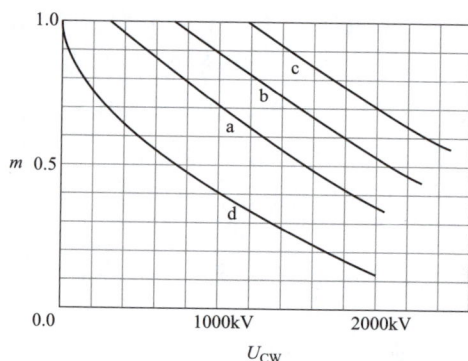

图 1-17　修正因子 $m$ 与不同类型操作冲击电压间的关系曲线
a—相对地绝缘；b—纵绝缘；c—相间绝缘；d—棒—板间隙（标准间隙）

（3）海拔相关修正方法。

GB/T 311.1—2012《绝缘配合　第 1 部分：定义、原则和规则》提出了与海拔相关的外绝缘试验修正方法，规定运行在海拔小于 4000m 地区的电气设备，在进行外绝缘试验时，需要进行海拔修正，按照"海拔每升高 100m，绝缘强度约降低 1％"的原则提出海拔修正因数 $K_a$：

$$K_a = \frac{1}{1.1 - H \times 10^{-4}}$$

式中，$H$ 为电气设备运行所在的海拔，m。该式以海拔 1000m 数据为基础进行校正。

通过前述各海拔修正方法的分析与比较，目前海拔 2000m 以下的带电作业间隙海拔修正方法较为成熟，海拔 2000m 以上的带电作业间隙海拔修正方法还有待研究，其研究方向是在棒—板间隙试验基础上的放电电压与气压比之间幂指函数关系的推理与验证。

**2. 高海拔带电作业绝缘配合方法**

高海拔带电作业绝缘配合包括最小安全距离、工器具最小有效绝缘长度和防护用具叠放距离等关键参数的选择。

（1）安全距离的定义。

最小安全距离（$D_A$）是指作业人员身体的各部位，包括手持导电工具与不同电位部件之间所需保持的最小空气距离，这个距离是电气距离和人机操纵距离之和：

$$D_A = D_U + D_E$$

式中：$D_U$ 为电气距离，是指带电作业时，带电部分之间和带电部分与接地部件之间，发生放电概率极小时的最小空气间隙距离；$D_E$ 为人机操纵距离，这个空气距离应考虑到作业过程中无意识的移动和距离判断上的误差，一般取 $0.2\sim 1.0m$。

（2）安全距离的计算。

根据典型间隙的放电特性的数据，结合相应的绝缘配合方法来确定带电作业的安全距离等参数。

带电作业的绝缘配合有两种方法：一种是惯用法，另外一种是统计法。由于统计法较为复杂，所以在实际工程中往往采用简化统计法。对于非自恢复绝缘和 220kV 及以下电压等级的系统一般采用惯用法进行绝缘配合。

1）惯用法。惯用法是一种传统的习惯用法，其基本出发点是使电气设备绝缘的最小击穿电压值高于系统可能出现的最大过电压值，并留有一定的安全裕度。

在绝缘配合惯用法中，系统最大过电压、绝缘耐受电压与安全裕度三者之间的关系为：

$$A = \frac{U_W}{U_{0 \cdot max}} = \frac{U_W}{K_r K_0 U_n \frac{\sqrt{2}}{\sqrt{3}}}$$

式中：$A$ 为安全裕度，安全裕度的预期值为 1.2；$U_{0 \cdot max}$ 为系统最大过电压，kV；$U_n$ 为系统额定电压（有效值），kV；$K_r$ 为电压升高系数；$K_0$ 为系统过电压倍数；$U_W$ 为绝缘的耐受电压，kV。考虑到绝缘间隙的放电电压的偏差，一般取 $\delta = 6\%$，则间隙的 50% 放电电压应满足：

$$U_{50\%} \geqslant \frac{U_W}{1 - 3\delta}$$

2）统计法。带电作业危险率是用来评估带电作业安全性的一种有效的带电作业绝缘配合方法，能确保带电作业过程中几乎不发生绝缘间隙失效事故，常用于输电线路带电作业间隙的危险性评估中。

通常采用的评估方法为 IEC 推荐的简化统计法，是对各输电线路的过电压和绝缘电气强度的统计规律做出一些合理的假设，如正态分布，并已知其标准偏差等。带电作业的危险率水平是确定带电作业技术参数的依据，设系统操作过电压的概率分布和空气间隙击穿的概率都服从正态分布，带电作业的危险率 $R_0$ 可由下式计算所得：

$$R_0 = \frac{1}{2} \int_0^\infty P_0(U) P_d(U) \, \mathrm{d}U$$

式中：$P_0(U)$ 为操作过电压幅值的概率密度分布函数；$P_d(U)$ 为空气间隙在幅

值为 $U$ 的操作过电压下放电的概率分布函数。在确保带电作业的危险率小于 $10^{-5}$ 的前提下，可获取带电作业最小安全距离等关键技术参数。

在带电作业短间隙危险性评估中，可以在明确线路操作过电压、空气间隙 $50\%$ 放电电压等参数的基础上对带电作业短间隙危险率进行定量的验证计算。

### 1.3.2 带电作业间隙放电特性曲线拟合

IEC 60071-2《Insulation Coordination Part2 Application Guide》推荐的空气间隙缓波前过电压绝缘特性的经验公式如下：

$$K_{50} = KU_{50Rp}$$
$$U_{50Rp} = 500d^{0.6}$$

式中：$U_{50}$ 为间隙的操作冲击 $50\%$ 放电电压，kV；$d$（$d>2m$）为空气间隙距离，m；$K$ 为间隙系数；$U_{50Rp}$ 为相应电压波形及间隙距离下棒—板间隙操作冲击 $50\%$ 放电电压，kV。

对于配电线路的间隙来说，上述公式并不适用，对于短距离的棒—板间隙可以采用线性公式，其曲线斜率、截距随棒—板间隙试验条件而改变。

研究中可根据各带电作业间隙结构的操作冲击放电试验数据，得出该带电作业间隙结构的放电拟合曲线。

### 1.3.3 空气、设备放电试验

#### 1. 空气间隙击穿试验

依据绝缘配合的原理，为了确定最小空气间隙安全距离，必须先对空气间隙的放电特性进行研究，要求安全裕度大于 1.2，棒—板间隙长度为 30～60cm，在不同海拔条件下进行放电特性试验，对不同的间隙距离测量 $U_{50\%}$，见表 1-1。

表 1-1　　　　　　　　空气间隙击穿特性试验内容

| 间隙距离/cm | 试验次数（不少于）/次 |
| --- | --- |
| 30 | 15 |
| 40 | 15 |
| 50 | 15 |
| 60 | 15 |

加压方式采用逐级升压法，先将电压升至 $75\%U_i$（$U_i$ 为首次试验的击穿电压），再逐次增加 $2\%U_i$，直至击穿，采用分压器和示波器结合的方式读取击穿电压。用连续升压法对试验结果进行抽样校验。

依据 GB 16927.1—2011《高电压试验技术　第 1 部分：一般定义及试验要求》，附录 A.1.3 连续放电试验，试验次数 $n≥10$ 的要求，考虑试验数据的分散性，本次试验每个距离下的试验次数不少于 15 次。依据附录 A.3.3 第三类试验结果的处理求出 $U_{50\%}$ 和标准偏差 $s$。

2. 绝缘工具沿面闪络特性试验

为研究绝缘工具的最小有效绝缘长度对带电作业安全性的影响，需进行不同海拔下绝缘工具的击穿特性研究。试验长度按间隙试验距离选取原则进行，即 30cm、40cm、50cm、60cm 四个等级。绝缘杆的材质采用带电作业中通用的绝缘材质（环氧树脂玻璃布管），确保试验结果可用于生产实际。对相同长度的绝缘体在不同海拔条件下进行沿面闪络试验。绝缘杆沿面闪络特性试验内容见表 1-2。

表 1-2　　　　　　　　　　绝缘杆沿面闪络特性试验内容

| 绝缘杆电极间隙距离/cm | 试验次数（不少于）/次 |
| --- | --- |
| 30 | 30 |
| 40 | 30 |
| 50 | 30 |
| 60 | 30 |

加压方式为逐级升压法，先将电压升至 $75\%U_{\text{i}}$（$U_{\text{i}}$ 为首次试验的击穿电压），再逐次增加 $2\%U_{\text{i}}$，直至击穿，采用分压器和示波器结合的方式读取击穿电压。用连续升压法对试验结果进行抽样校验。

依据 GB 16927.1—2011《高电压试验技术　第 1 部分：一般定义及试验要求》，附录 A.1.3 连续放电试验，试验次数 $n \geq 10$ 的要求，考虑绝缘杆材质不均匀可能产生的误差对放电分散性的影响，本次试验每个距离下的试验次数不少于 30 次。依据附录 A.3.3 第三类试验结果的处理求出 $U_{50\%}$ 和标准偏差 $s$。

3. 过电压试验

为研究海拔等因素对绝缘遮蔽、防护用具和绝缘子过电压作用下的影响，需进行不同海拔下绝缘遮蔽、防护用具和绝缘子的工频放电特性研究。绝缘遮蔽、防护用具的过电压试验选择常用的导线遮蔽罩、绝缘毯和绝缘衣；此外，按以往试验结论，X-3C、XP-7 两种型号的绝缘子放电电压较低，以此作为试验试品。海拔对外绝缘的影响在绝缘杆的放电特性试验中已经进行了研究，因此在绝缘衣、绝缘毯、导线遮蔽罩的放电特性研究中，将采用抽样检测的方式验证之前研究的结论。绝缘防护用品过电压试验内容见表 1-3，线路绝缘子常用型号为 XP-7。绝缘子过电压试验内容见表 1-4。

表 1-3                                    绝缘防护用品过电压试验内容

| 绝缘防护类型 | 试验件数 | 试验次数（不少于）/次 |
|---|---|---|
| 导线遮蔽罩 | 15 件 | 15 |
| 绝缘毯 | 15 块 | 15 |
| 绝缘衣 | 15 件 | 15 |

表 1-4                                         绝缘子过电压试验内容

| 绝缘子型号 | 试验串片数 | 试验次数（不少于）/次 |
|---|---|---|
| XP-7 | 1 片 | 15 |
| XP-7 | 2 片 | 15 |
| XP-7 | 3 片 | 15 |
| XP-7 | 4 片 | 15 |

依据 GB 16927.1—2011《高电压试验技术　第 1 部分：一般定义及试验要求》，附录 A.1.3 连续放电试验，试验次数 $n \geq 10$ 的要求，考虑试验数据的分散性，本次绝缘遮蔽、防护用具和绝缘子的试验次数不少于 15 次。依据附录 A.3.3 第三类试验结果的处理求出 $U_{50}$ 和标准偏差 $s$。

### 4. 投切空载试验

（1）投切空载线路时断口距离的选择。

该断口距离对于电弧的熄灭影响很大，研究其选取值非常重要。为确保作业安全，应先开展间隙试验，并使用海拔 4000m 时各电压等级开展作业所需最小间隙距离作为确定断口距离的依据。

（2）电容电流的取值。

目前国内在海拔 1000m 及以下断接空载线路时，对电容电流值规定不一，最小为 0.1A，最大为 0.3A，该参数是否适用于高海拔地区无明确规定，故应开展相应的断接试验，提出相应的参数，其电流取值范围为 0.1A、0.2A、0.3A、0.4A、0.5A。由于不具备在实际线路上开展断接电容电流的试验条件，故采用电容器组模拟实际线路，模拟断接 35kV 线路空载容性电流工况进行试验。

（3）电压值的选择。

进行电容电流断接试验时，其电压应选择最高运行电压，10kV、20kV 和 35kV 最高运行电压为 40.5kV。

（4）试验时每个电流投切次数的选择。

为提高试验工况与实际工况的吻合性，将依据 ATP-EMTP 搭建投切空载线路模型仿真计算分析结果。由于隔离开关动作时间较长，每周波时间为毫秒级，因此采用相角控制器控制隔离开关在每周波的某角度准确开断电容电流在技术上基本无法实现，因此在实际试验中通过多次试验，选取开断电流大的工况分析电弧的影响。由于电弧重燃时对作业安全影响较大，故按间隙试验次数的要求增加1倍确定每个电流的投切次数。

（5）试验模型。

通过三相异步减速电机带动隔离开关进行分合闸，模拟带电作业工况，通过接通时间和电源频率的调整来控制打开速度和打开距离，由于其打开/关合过程较快，可采用高速摄像仪来确定其速度。

（6）隔离开关打开速度的选择。

隔离开关打开速度设为 0.2m/s。

（7）试验要求。

对同一电压、不同容性电流的组合进行分合试验时，应根据不同的海拔和湿度组合进行试验，采用录波仪记录过电压、过电流值，采用高速摄像机录取拉弧过程，测量电弧长度。投切空载线路试验内容见表 1-5。

表 1-5　　　　　　　　　　投切空载线路试验内容

| 电压等级 | 电容电流/A | 海拔 | 湿度 | 投切速度/(m/s) | 试验次数（不少于）/次 |
|---|---|---|---|---|---|
| 35kV | 0.1～0.5 | 1800～2000m | 自然条件 | 0.2 | 每个电流值各 30 |
| | 0.1～0.5 | 3000～3500m | 自然条件 | 0.2 | 每个电流值各 30 |
| | 0.1～0.5 | 对应 1800～2000m 实际海拔值 | 模拟 80% | 0.2 | 每个电流值各 30 |
| | 0.1～0.5 | 对应 3000～3500m 实际海拔值 | 模拟 80% | 0.2 | 每个电流值各 30 |
| | 0.1～0.5 | 模拟 4000m 海拔值 | 模拟 80% | 0.2 | 每个电流值各 30 |

### 1.3.4　放电间隙、安全裕度与危险率计算

1. 仿真研究

将采用 ATP-EMTP 搭建投切空载线路模型，对投切 35kV 的空载线路进行电磁暂态仿真，空载线路的电容电流值分别选择为 0.1A、0.2A、0.3A、0.4A、0.5A。分析投切过程中过电压、过电流及电弧重燃等情况，确定电弧重燃或者最大时的相角，研究分析断接过程中电弧能量分布情况。

依据电弧能量分布，研究电弧能量在距离上的衰减特性，结合仿真计算和试验结论，分析无灭弧措施投切 35kV 空载线路时电容电流值的影响。

2. 放电特性曲线和回归公式计算

依据试验结果，将其修正到标准气候条件下的放电电压值，分析计算得出不

同海拔条件下空气间隙、绝缘体的放电特性曲线和回归公式。

3. 安全裕度与危险率计算

（1）安全裕度计算。

根据试验结果及导则中给出的最大过电压倍数，计算绝缘的安全裕度。

（2）危险率计算。

依据 GB/T 19185—2008《交流线路带电作业安全距离计算方法》7.2 危险率的方法计算。

（3）计算结论分析。

按试验、计算结果，对 35kV 线路在不同海拔条件下，带电作业安全距离、绝缘长度、绝缘遮蔽、防护用具、绝缘子和高海拔地区无防护措施时带电断（接）空载线路（35kV）电容电流值进行分析。

## 1.3.5 研究结论及技术成果

采用纯容性负载模拟实际线路电容电流，进行投切试验得到的结果偏严格，与实际线路情况不符，不能准确反映实际投切空载线路的过电压水平。

1. 电容电流的影响仿真结论

采用纯容性负载模拟实际线路电容电流，进行投切试验得到的结果偏严格，与实际线路情况不符，不能准确反映实际投切空载线路的过电压水平，经过仿真研究得出以下结论：

（1）电容电流越大，海拔越高，投切空载线路时的过电压水平越高，典型计算得出的过电压水平不超过 3 倍的额定电压值。

（2）电容电流越大，断开空载线路过程中，电弧燃烧造成的高温区域越大，具体影响区域的范围有待进一步研究。

2. 安全裕度及危险率仿真结论

依据不同电容电流值时的过电压水平，计算不同安全距离及不同绝缘操作杆有效绝缘长度下的安全裕度和危险率水平，得到以下结论：35kV 系统采用不少于 0.6m 的安全距离时，在海拔低于 3200m 时，可断接 0.5A 及以下的电容电流，当海拔高于 3200m 时，只能断接 0.3A 及以下的电容电流。

3. 绝缘配合仿真结论

通过仿真研究和试验研究，了解开断空载电流时过电压分布情况和过电流分布情况，以及电弧在空间上的衰减特性。通过一系列的研究，得到了以下结论：

（1）安全距离。

以安全裕度考虑，35kV 系统在海拔 1900m 时，安全距离应不小于 728mm，在海拔 3200m 时，安全距离应不小于 986mm，在海拔 4000m 时，安全距离应不小于 1059mm。

以危险率考虑，35kV 系统在海拔 1900m 时，安全距离应不小于 653mm，在海拔 3200m 时，安全距离应不小于 878mm，在海拔 4000m 时，安全距离应不小于 945mm。

对于 35kV 系统，以安全裕度考虑，当海拔大于 430m 时，需要对安全距离进行海拔修正；以危险率考虑，当海拔大于 1286m 时，需要对安全距离进行海拔修正。

（2）绝缘操作杆有效长度。

以安全裕度考虑，35kV 系统在海拔 1900m 时，绝缘操作杆有效绝缘长度应不小于 556mm，在海拔 3200m 时，绝缘操作杆有效绝缘长度应不小于 723mm，在海拔 4000m 时，绝缘操作杆有效绝缘长度应不小于 834mm。

以危险率考虑，35kV 系统在海拔 1900m 时，绝缘操作杆有效绝缘长度应不小于 500mm，在海拔 3200m 时，绝缘操作杆有效绝缘长度应不小于 640mm，在海拔 4000m 时，绝缘操作杆有效绝缘长度应不小于 740mm。

对于 35kV 系统，以安全裕度考虑，当海拔大于 2220m 时，需要对绝缘操作杆有效绝缘长度进行海拔修正；以危险率考虑，当海拔大于 2866m 时，需要对绝缘操作杆有效绝缘长度进行海拔修正。

（3）绝缘防护用具及绝缘子。

按 DL/T 976—2017《带电作业工具、装置和设备预防性试验规程》，绝缘遮蔽罩、绝缘毯和绝缘衣的试验方法中无沿面闪络电压的内容，类似于绝缘手套和绝缘靴，均无沿面闪络电压的要求，因此虽然在实际作业中，绝缘遮蔽罩存在沿面闪络的可能，但其实际使用的要求不同于绝缘操作杆等绝缘工器具，因此在研究中，仅按规程要求，布置了相应的电极结构，进行了不同海拔下绝缘遮蔽罩、绝缘毯和绝缘衣的试验，试验结果证明，在海拔 4000m 及以下的环境中，绝缘遮蔽罩、绝缘毯和绝缘衣的工频耐压值均满足规程要求。

从安全裕度的角度考虑，海拔 4000m 及以下的环境中，不进行海拔修正时，35kV 系统需采用 XP-7 绝缘子 6 片。

从危险率的角度考虑，海拔 4000m 及以下的环境中，不进行海拔修正时，35kV 系统需采用 XP-7 绝缘子 5 片。

（4）投切空载线路。

试验表明，采用纯容性负载模拟实际线路电容电流，进行投切试验得到的结果偏严格，与实际线路情况不符，不能准确反映实际投切空载线路的过电压水平。

1）经过仿真研究得出以下结论：

电容电流越大，海拔越高，投切空载线路时的过电压水平越高，典型计算得出的过电压水平不超过 3 倍的额定电压值。

电容电流越大，断开空载线路过程中，电弧燃烧造成的高温区域越大，具体影响区域的范围有待进一步研究。

2）依据不同电容电流值时的过电压水平，计算不同安全距离及不同绝缘操作杆有效绝缘长度下的安全裕度和危险率水平，得到以下结论：

35kV 系统采用不少于 0.6m 的安全距离时，在海拔低于 3200m 时，可断接 0.5A 及以下的电容电流，当海拔高于 3200m 时，只能断接 0.3A 及以下的电容电流。

35kV 输电线路的维护与检修工作随着运行时间日益增多，尤其是带电作业需求量也随之增大。通过开展带电作业，能够保证其安全稳定运行，提高供电可靠性。由于 35kV 线路空气间隙狭小，对地距离也非常狭小，穿屏蔽服作业极易引发短路事故，故而开展 35kV 带电作业时，对选择作业方法和带电作业的工具要求非常高。目前，国内仅华北电力有限公司带电作业培训中心以及北京东维华电电力科技有限公司在 35kV 带电作业防护用具方面有研究，在 2010 年先后研制出了国内唯一的 10kV 带电作业用绝缘服、防潮绝缘毯，2011 年研制出了 10kV 带电作业用绝缘遮蔽用具，打破了国外配电带电作业遮蔽及防护用具在国内的垄断，在性能上超过了国外此类产品，并开展 35kV 带电作业遮蔽用具的初步研究，形成 35kV 绝缘手套、绝缘毯及绝缘服产品雏形。在此基础上，云南电网有限责任公司红河供电局针对"间接作业＋部分绝缘或直接作业＋全绝缘的带电作业方法"课题展开研究，研究结果证明能够安全地开展 35kV 带电作业。

# 第 2 章　35kV 架空线路带电作业技术

## 2.1　35kV 架空线路带电作业基本方法

### 2.1.1　35kV 架空线路带电作业基础知识

#### 1. 输电网和配电网概念

（1）输电网。

输电网是指将发电厂、变电所或变电所之间连接起来的送电网络，主要承担输送电能的任务。根据输电电压的不同，输电网可以分为高压输电网（110～220kV）、超高压输电网（330～750kV）和特高压输电网（1000kV 及以上）。

在中国南方电网有限责任公司《电力安全工作规程》中，高压输电线路是指35kV 及以上的高压线路，包括高压交流输电线路和高压直流输电线路。

（2）配电网。

配电网是指直接或者降压后将电能送到用户的电力网络，主要承担分配电能的任务。配电网的电压较低，主要作用是为了用电区域各个配电站和各类用电负荷供给电源。在《有序放开配电网业务管理办法》中给出了定义：配电网原则上指 110kV 及以下电压等级电网和 220（330)kV 及以下电压等级工业园区（经济开发区）等局域电网。

在中国南方电网有限责任公司《电力安全工作规程》中，高压配电线路是指1kV 以上、20kV 及以下的非厂站高压线路，包括杆塔、导线、电缆、金具、绝缘子类，柱上、台式配电变压器类，跌落式开关、柱上断路器类，配电自动化、计量等电气量抽取装置类及辅助配件、设施等。

35kV 电压等级处于高压配电和高压输电之间。对其进行带电作业可以采取高压配电带电作业和高压输电带电作业。

#### 2. 带电作业基本原理

电对人体的危害作用有两种：一种是人体的不同部位同时接触有电位差的带电体，电流通过人体时发生的；另一种是在带电设备附近工作时，尽管人体并未接触带电体，但却有风吹、针刺、蠕动等不适之感，这是由空间电场引起的。

（1）电流对人体的影响。

人体对工频稳态电流的生理反应可以分为感知、震惊、摆脱、呼吸痉挛和心室纤维性颤动，心室纤维性颤动被认为是电击引起死亡的主要原因，但超过摆脱电流阈值的电流，也是可以致命的。人体阻抗因人而异，在接触电压为 220V 时，有 5％的人阻抗小于 1000Ω，50％的人阻抗小于 1350Ω，95％的人阻抗均小于 2125Ω。从安全出发，人体阻抗一般可按 1000Ω 进行估算。电流对人体的五类伤害有热伤害（皮肤）、电光伤害（眼睛）、化学伤害（人体机能）、辐射伤害（神经）、生理伤害（心室及内部机能）。

（2）电场对人体的影响。

1）电场。电场是电荷及变化磁场周围空间里存在的一种特殊物质，有电荷的地方就存在电场。通过电磁感应就可使人体或设备带电，带电作业时需考虑电场防护措施。

2）静电感应。当导体接近一个带电体时，靠近带电体的一面会感应出与带电体极性相反的电荷，而背离的一面则感应出与带电体极性相同的电荷，这种现象称为静电感应。在带电作业中，静电感应会对作业人员产生不利的影响，特别是在超高压带电作业中，甚至可能危及作业人员的安全。在带电作业中，当外界电场达到一定强度时，人体裸露的皮肤上就有"微风吹拂"的感觉，原因是电场中导体的尖端因强场引起气体游离和移动的现象，此时测量到的体表场强为 2.4kV/cm。

3）带电作业应满足三个技术条件：

① 流经人体的电流不超过人体感知水平 1mA。

② 人体体表场强至少不超过人的感知水平 2.4kV/cm。

③ 保证可能导致对人身放电的那段空气距离足够大（安全距离）。

**3. 按人与带电体的相对位置划分作业类型**

（1）间接带电作业。

间接带电作业是指人体不直接接触带电体，在保持规定安全距离下通过绝缘工具操作的作业，例如地电位作业、中间电位作业、带电水冲洗、带电气吹清扫绝缘子。

（2）直接带电作业。

直接带电作业是指作业人员直接接触带电体进行的作业，也称等电位作业或自由作业。

按带电作业人员作业时所处电位的高低，将带电作业方法可分为地电位作业、中间电位作业和等电位作业。它是将人体、带电体、绝缘体、接地体四者之间组成不同的作业方式（图 2-1）。

1）地电位作业。地电位（零电位）作业是指作业人员始终保持与大地（或杆塔）相同的电位，通过绝缘工具接触带电体的作业，如图 2-2 所示。

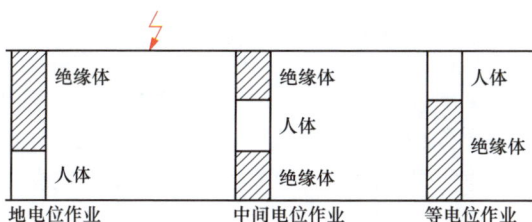

图 2-1　地电位作业、中间电位作业和等电位作业中不同电位物体关系图

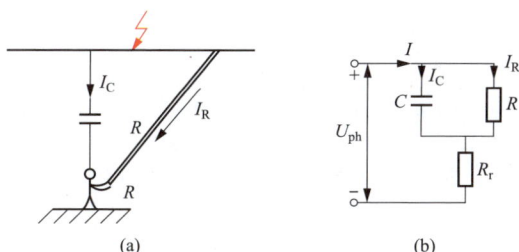

(a)　　　　　　　　　　(b)

图 2-2　地电位（零电位）作业

（a）地电位作业位置示意图；（b）等效电路图

$C$、$I_C$—人体与带电体的电容及电容电流；$U_{ph}$—相电压；

$R$、$I_R$—绝缘工具的电阻及流过它的绝缘电流；$R_r$—人体电阻

2）中间电位作业。中间电位作业法是指在地电位作业法和等电位作业法都不可采用的情况下，介于两者之间的一种方法。要求人体既要与带电体保持一定距离，也要和大地（接地体）保持一定距离。此时人体的电位是介于地电位与带电体的高电位之间的某一个悬浮电位，如图 2-3 所示。

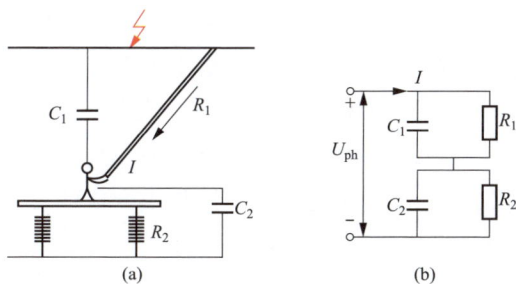

(a)　　　　　　　　　　(b)

图 2-3　中间电位作业

（a）中间电位作业位置示意图；（b）等效电路图

$C_1$、$C_2$—人体与带电体的电容及人体与接地体的电容；$U_{ph}$—相电压；

$R_1$、$R_2$—绝缘工具的电阻及主绝缘工具的电阻；$I$—总电流

3）等电位作业。等电位作业是借助于绝缘工具使作业人员与带电体处于同

29

一个电位上的作业，如图 2-4 所示。

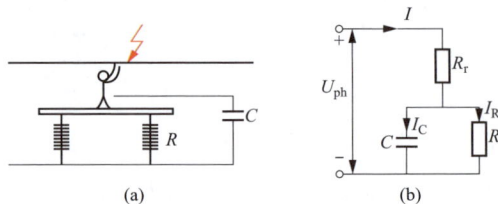

图 2-4　等电位作业

（a）等电位作业位置示意图；（b）等效电路图

$C$、$I_C$—人体与带电体的电容及电容电流；$U_{ph}$—相电压；

$R$、$I_R$—绝缘工具的电阻及流过它的绝缘电流；$R_r$—人体电阻

### 2.1.2　35kV 架空线路带电作业电场仿真分析与防护

#### 1. 35kV 带电作业现状分析

35kV 线路属于我国线路中一个重要的部分，比 10kV 配电线路输送容量大、线路损耗小，是我国城市近郊及农村供电网重要的电压等级。35kV 线路具有线路长、运行环境差的特点，对其采用带电作业的方式进行运维检修作业，可以有效提高供电可靠性。由于 35kV 线路的杆塔结构和电压等级处于配电和输电线路之间，传统带电作业方法一般采用等电位作业，作业人员需穿戴屏蔽服装进行电场防护。近年来，部分单位借鉴 10kV 线路带电作业的经验，尝试在 35kV 线路上使用绝缘手套作业。

在 35kV 线路带电作业技术方面，较为常见的是利用地电位作业法和中间电位作业法对损伤、脏污的绝缘子进行更换处理。国网天津市电力公司城东供电分公司以中间电位作业法带电更换 35kV 输电线路绝缘子项目为例进行了具体的研究，分析了项目实施的主要难点和创新点，指出了项目实施时绝缘安全工器具要求及具体作业步骤流程。云南电网有限责任公司研究开发了一系列 35kV 防护用具和遮蔽用具，并将其颜色统一为红色，以便区分不同电压等级遮蔽用具。虽然该领域的研究与应用取得了一定的进展，但仅集中于作业方式和工器具方面，并未开展 35kV 线路带电作业电场防护研究。

#### 2. 35kV 单回直线塔参数及模型

典型 35kV 单回直线塔采用上字型铁塔设计方案及三维有限元计算方法，根据作业人员进入作业位置一般路径、杆塔结构等特点选取计算点。首先在地面选取若干典型的地电位测试点，当作业人员攀登至离开地面一定高度时选取塔身地电位测试点。考虑到绝缘子串支撑处工作位置，故选择绝缘子串支撑点处和直线绝缘子导线侧等电位作业处作为计算点，校核作业安全性。作业人员站立于横

担、塔身或绝缘平台上开展操作，体表电场强度最大值一般出现在头、手、脚等尖端处，因此设置等电位和地电位作业人员的人体模型。

由于人体结构相对于杆塔来说很小，为减轻计算对计算机硬件的依赖并得到较好的计算结果，故采用子域法建立子模型。由于人体剖分时所用网格多达 30 万，为节约分析单元，提高计算效率，仅剖分人体外表面。

### 3. 35kV 单回直线塔表面电场强度分布

在塔上无人作业条件下，单回直线铁塔和导线表面的电场强度分布。在逆时针正序加载的运行方式下，计算点的电场强度。其中导线表面由于其曲率较大，电场尖端效应更加明显，此时三相导线表面的电场强度大于 240kV/m，因此选取四处典型作业位置对人体体表电场强度进行了计算分析。

### 4. 35kV 单回直线塔电场仿真

根据带电作业时作业人员在塔杆和导线间的 4 个典型位置，选取测量点进行测量，如图 2-5 所示位置 1～位置 4。

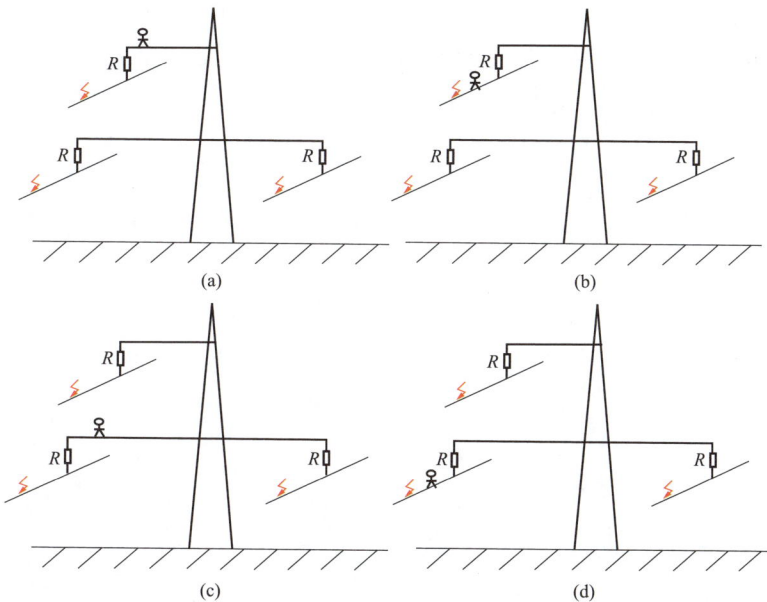

图 2-5　单回直线塔

（a）位置 1：人在上相导线上方横担处；（b）位置 2：人在上相导线等电位处；
（c）位置 3：人在下相导线上方横担处；（d）位置 4：人在下相导线等电位处

考虑到塔杆上相导线在左侧，由塔身电场强度计算可知，塔杆下相左侧方向的电场强度较右侧强，故人在下相的两种工况位置 3 和位置 4，应选取人在左侧下相计算。作业时处于位置 1 的地电位作业人员体表电场强度，由计算结果可知：由于人距离导线较远，电场强度最大处出现在人体最靠近导线的脚部，人体远离导线的躯干和头部电场强度相对较小。人的颈部由于胸部和头部的屏蔽作用，电场强度明显减少。处于位置 2 的等电位作业人员体表电场强度，由计算结果可知：电场强度最大处出现在人体靠近导线的躯干下部，人体靠近导线的躯干上部及头部电场强度相对较小。虽然导线表面电场强度较大，但人位于导线表面时，人体体表电场强度大幅下降，最大值只有 24kV/m。处于位置 4 的等电位作业人员，不同身体部位的电场强度最大值不同。

### 5. 35kV 双回直线塔电场仿真

典型 35kV 双回直线塔的两回导线采用上、中、下垂直排列，导线型号为 LGJ-150/25，相间距离为 3.0m，横担长度为 2.0m，采用 3 片玻璃绝缘子，绝缘距离为 1m 电场强度计算点的位置。人体模型与单回线路计算相同。在塔上无人作业条件下，双回直线铁塔和导线表面的电场强度有所不同。35kV 双回线路在由上到下正序加载运行方式下，各计算点的电场强度计算值与单回线路类似，电场强度最大值出现在导线表面，均超过 240kV/m，因此选取相应的典型作业位置的人体体表电场强度进行计算分析。根据带电作业时作业人员在塔杆和导线间的 4 个典型位置，选取测量点进行测量，如图 2-6 所示位置 5～位置 8。

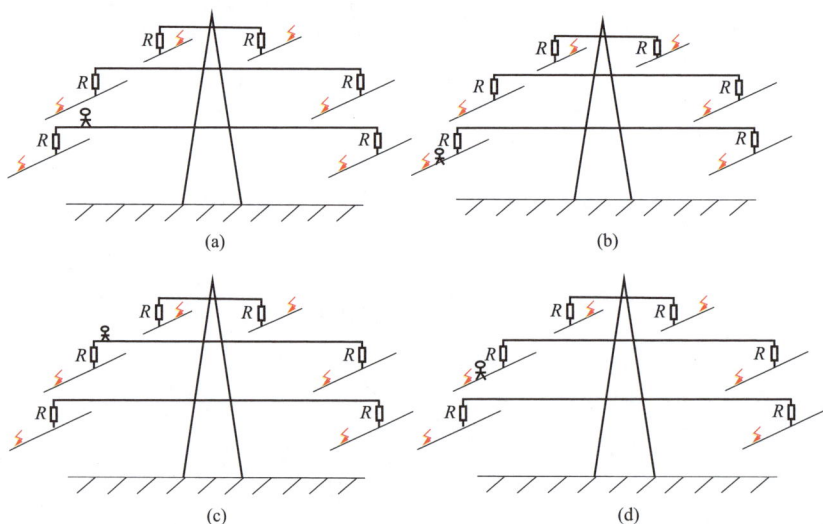

图 2-6 双回直线塔

(a) 位置 5：人在下相导线上方横担处；(b) 位置 6：人在下相导线等电位处；
(c) 位置 7：人在中相导线上方横担处；(d) 位置 8：人在中相导线等电位处

下相导线上方横担处人体体表电场的地电位作业人员体表电场强度分布，不同身体部位的电场强度由计算结果可知：电场强度最大处出现在靠近导线手臂处，人体躯干离导线距离较远处电场强度相对较小。处于位置 6 的等电位作业人员体表电场强度最大值，由计算结果可知：电场强度最大处出现在靠近导线手臂处，双腿处电场强度相对较小。处于位置 7 的地电位作业人员体表电场强度最大值由计算结果可知：电场强度最大处出现在靠近导线手臂及躯干下部，远离导线的手臂及头部电场强度相对较小。处于位置 8 的等电位作业人员体表电场强度最大值由计算结果可知：电场强度最大处出现在靠近导线手臂处，远离导线的躯干和四肢电场强度相对较小。

综合以上计算可知，35kV 交流单、双回线路带电作业时，最大电场强度位于导线表面处，约为 370kV/m，其随着与导线的间距的增大而快速减小，在铁塔表面处的电场强度均小于 10kV/m。铁塔表面的电场强度最大值一般出现在导线等高处或导线正上方、正下方横担处。对于双回线路，中相导线附近电场强度较大。因此地电位作业条件下的空间电场强度与输电线路下方的居民电场强度要求基本相当。当作业人员攀爬至作业位置时，人体表面总的电场强度大小大致与人和杆塔电场强度最强点的距离成反比，距离越近，电场强度越大。而人体表面电场强度的具体分布与离人体距离最近的导线有直接关系，距离导线最近的躯干或手臂处电场强度最大，远离导线的部分躯干电场强度迅速减少，而人的颈部、手腕等部分由于受到头部、拳头的屏蔽作用，电场强度较小。地电位作业人员的体表电场强度一般在 5～15kV/m 之间。等电位作业人员的体表电场强度略微高，但其最大值不超过 30kV/m，相比导线表面电场强度均大幅下降。为了尽可能降低作业人员体表电场强度，当作业人员采用直接作业法时，除直接接触的手部外，身体的其他部位应尽可能远离导线。《带电作业用屏蔽服装》（GB/T 6568—2024）规定，带电检修人员未穿戴防护服装时不应暴露在大于 240kV/m 的电场环境中。根据上文的仿真计算结果表明，作业人员可能接触的最大电场强度远小于 240kV/m 的限值。对于常用的 I 型屏蔽服，服装内部电场强度为外部电场强度的 1/100。依据标准和计算结果表明，作业人员无论是处于地电位还是等电位，其体表电场强度未超过人体允许裸露的限制，因此可以不用穿戴屏蔽服装进行电场防护。综合考虑 35kV 线路的作业间隙、电场防护要求与国内外带电作业基本原则，35kV 线路带电作业宜采用绝缘手套作业法和绝缘杆作业法，以绝缘平台、绝缘工具与空气间隙作为主绝缘，绝缘防护用具、绝缘遮蔽用具、绝缘隔离用具作为辅助绝缘。

通过模拟仿真计算，对 35kV 线路带电作业电场进行了分析，得出以下结论：

（1）35kV 线路杆塔上的最大电场强度位于导线表面处，其随着与导线的间距的增大快速减小至塔身表面的 10kV/m 以下。

（2）作业人员身体表面的电场强度大小大致与人和杆塔电场强度最强点的距离成反比，距离越近，电场强度越大。人体表面电场强度的具体分布与离人体距离最近的导线有直接关系，距离导线最近的躯干或手臂处电场强度最大，远离导线的躯干电场强度迅速减少，而人的颈部、手腕等部位由于受到头部、拳头的屏蔽作用，电场强度较小。

（3）作业人员在 35kV 单回和双回线路直线杆上按照 4 种典型工况进行作业时，作业人员在作业位置处体表的电场强度均在限值以内，不用穿戴带电作业屏蔽服装。

（4）35kV 线路带电作业宜采用绝缘手套作业法和绝缘杆作业法。

## 2.2 绝缘配合与安全距离

### 2.2.1 概念

（1）带电作业所要求的绝缘水平：是指工作位置所需的、为减少绝缘击穿危险而提出的一个可接受的低水平的统计冲击耐受电压。

（2）自恢复绝缘：是指在施加电压而引起破坏性放电后能完全恢复其绝缘性能的绝缘。例如，空气介质就是一种自恢复绝缘介质。

（3）非自恢复绝缘：是指在施加电压而引起破坏性放电后即丧失或不能完全恢复其绝缘性能的绝缘。例如，环氧玻璃纤维材料就是一种非自恢复绝缘介质。

（4）统计冲击耐受电压：一个给定的绝缘结构的耐受概率为参考概率 90% 的冲击试验电压峰值。

（5）统计过电压：发生概率为 2% 的过电压。

### 2.2.2 带电作业中的作用电压

#### 1. 作用电压类型

电气设备在运行中可能受到的作用电压有正常运行条件下的工频电压、暂时过电压（包括工频电压升高）、操作过电压与雷电过电压。根据规定要求"雷电天气时不得进行带电作业"。因此，带电作业中只考虑正常运行条件下的工频电压、暂时过电压（包括工频电压升高）与操作过电压的作用。

#### 2. 正常运行条件下的工频电压

正常运行条件下，工频电压会有波动，且系统中各点的工频电压并不完全相等，但不会超过设备最高电压。

#### 3. 暂时过电压

暂时过电压主要是指工频过电压与谐振过电压，暂时过电压的严重程度取决于其幅值和持续时间。系统中的工频过电压一般由线路空载、接地故障和甩负荷等引起。因单相接地故障出现的概率较大，且这一概率随系统额定电压的上升而增加。通常，由单相接地故障引起的暂时过电压是不衰减的，它一直持续到故障清除为止。当突然切除大的有功、无功负载时，会出现暂时过电压，其幅值大小及持续时间长短与失去负载后的系统配置、电源特性有关。在长线路末端突然失去全部负载时，由于长线路电容效应，这种电压升高可能会影响到设备的安全运行。谐振过电压包括线性谐振过电压和非线性（铁磁）谐振过电压，它是由于系统内存在各种电感与电容元件，当系统进行操作或发生故障时，可形成各种振荡回路，在一定的条件下所产生的电压。暂时过电压持续时间较长、能量较大，所以在考虑带电作业绝缘工具、装置和设备的泄漏距离时，常以此为依据。

4. 操作过电压

操作过电压又称内部过电压，它是由系统内的正常操作、切除故障操作或因故障所造成的过电压。这种过电压的特点是幅值较高、持续时间短、衰减快。操作过电压与系统的运行电压有关。操作过电压的起因通常是：

（1）线路合闸与重合闸。

（2）故障与切除故障。

（3）开断容性电流和开断较小或中等的感性电流。

（4）负载突变。

5. 确定预期过电压水平的原则

一般而言，35kV 电压范围内的设备绝缘水平主要由雷电过电压决定，但也要考虑操作过电压的影响。在此电压范围内的带电作业工具、设备和装置，其绝缘水平应校核相应电压等级下的操作过电压水平。

6. 带电作业中操作过电压的类型

不同类型的操作过电压有不同的分布规律及参数，一定概率条件下的预期过电压倍数也不相同。考虑到当前的设备形式、系统结构的特点，可选用的绝缘水平以及带电作业的实际工况，推荐：

（1）带电作业时未取消自动重合闸的，以重合闸过电压作为主要类型，但也要验算其他有显著影响的过电压。

（2）带电作业时取消了自动重合闸的，以线路非对称故障分闸和振荡解列过电压为主要类型，但也要验算其他有显著影响的过电压。

7. 操作过电压的估算

可用计算机及瞬态网络分析仪对操作过电压进行预估。最好以系统的实际数据检验所用的原始参数及模拟结果的正确性。带电作业时，不考虑线路合闸过电压。如果在带电作业时已停用自动重合闸，过电压倍数一般较标准值低。在计算带电作业安全距离时，应根据系统结构操作方式、设备状况及线路长短，计算得出实际过电压倍数来确定。

### 2.2.3　绝缘耐受能力

#### 1. 自恢复绝缘和非自恢复绝缘

根据绝缘在试验中发生破坏性放电的特性，在规定中将绝缘分成自恢复绝缘和非自恢复绝缘。但仅在一定的电压范围内，在绝缘部分发生沿面或贯穿性放电的概率可以忽略不计时（此时工具、装置及设备的放电概率与其自恢复绝缘部分的放电概率一致），才称其绝缘为自恢复绝缘，因此，一般不能简单地将带电作业用工具、装置及设备的绝缘说成是自恢复或非自恢复型的。对自恢复绝缘，可在有一定放电概率的条件下进行试验。例如，用超过额定冲击耐受水平的电压决定放电概率与所加电压的相互关系，可直接获得较多的绝缘特性的数据。对非自恢复绝缘多次加某一电压，如额定冲击耐受电压，绝缘虽未必放电，但可能发生不可逆的劣化，故对非自恢复绝缘只能施加有限次数的冲击进行试验。

#### 2. 试验类型的选择

对自恢复绝缘（如塔头空气间隙、组合间隙）应按 GB/T 2900.19—2022《电工术语　高电压试验技术和绝缘配合》进行 50％的破坏性放电试验。对同时具有自恢复绝缘和非自恢复绝缘，但又不能分开进行试验的工具、装置及设备（如绝缘操作杆、绝缘硬梯、绝缘软梯等），为了验证其自恢复部分的绝缘强度，并避免过多次冲击使非自恢复绝缘部分劣化的可能性，应限制加压的次数，按 GB/T 2900.19—2022 进行 15 次冲击耐压试验。

#### 3. 在工频电压和暂时过电压下的绝缘性能

通常，仅当工具、装置及设备绝缘特性的逐步劣化或严酷的环境条件使绝缘能力异常地下降时，才会使它在正常运行工频电压和暂时过电压下击穿。工具、装置及设备的污秽程度对绝缘性能的影响是随机的，而对于受到污染的绝缘在工频电压、暂时过电压下绝缘性能及对绝缘的要求，一般不用统计。

#### 4. 在操作冲击电压下自恢复绝缘破坏性放电的概率

自恢复绝缘对一定波形（例如标准操作冲击波 250ns/2500ns）和幅值 $U$ 的冲击电压的耐受能力，在大多数情况下是一个随机现象，只能按统计的方法用一条所加电压与放电（或耐受）概率间相互关系的曲线来表示，通常为正态概率分布曲线。

### 2.2.4　作用电压与耐受电压之间的配合

#### 1. 绝缘耐受各种电压的能力

一般认为，绝缘对雷电、操作或工频电压的耐受能力应独立地用相应破性的电压进行试验。但由于不同电压范围内对绝缘水平起控制作用的电压不同，因而不必逐一用相应波形的电压进行检验。例如，35kV 设备的额定雷电冲击耐受电压乘以0.83 与设备最大相电压峰值之比远超过预期操作过电压水平，其绝缘水平主要由雷电过电压决定，且由于绝缘在典型的操作冲击下的击穿电压总是比工频电压的峰值高，故这一电压等级范围内不规定操作冲击耐受试验。

#### 2. 35kV 电压范围内作用电压与耐受电压的配合

35kV 电压范围内，作用电压与耐受电压的配合，带电作业工具、装置及设备的基准绝缘水平是按额定雷电冲击耐受电压和额定短时工频耐受电压给出的，因此，一般均能满足在正常运行电压和暂时过电压下的要求。对正常运行条件，绝缘应能耐受设备最高电压。工具、装置及设备的绝缘在预期的寿命期内，不致因局部放电而使绝缘显著劣化，以及在最苛刻的工况下，绝缘不会失去热稳定性。为尽可能符合实际，应用工频电压试验检验。

### 2.2.5　绝缘试验类型

在 35kV 电压范围内，工频试验电压的选择应考虑暂时过电压的幅值及持续时间，同时考虑到工具、装置和设备内绝缘的老化及外绝缘耐受污秽性能的适应性，应选用持续时间较长的工频电压试验。工频电压试验的持续时间为 3min（产品型式试验的工频电压试验的持续时间为 5min）。在操作过电压下，空气间隙、组合间隙、工具、装置及设备的绝缘性能用操作冲击电压试验。对空气间隙及组合间隙等自恢复绝缘也可进行 50% 放电电压试验，而对工具、装置及设备等复合绝缘施加 15 次额定冲击耐受电压，如在自恢复绝缘以及非自恢复绝缘中均未出现破坏性放电，则认为带电作业工具、装置及设备通过了试验。

### 2.2.6　绝缘配合方法

绝缘配合方法有确定性法（惯用法）、统计法及简化统计法。

#### 1. 确定性法

按确定性法进行绝缘配合时，需要确定作用于工具、装置及设备上的最大过电压和工具、装置及设备绝缘强度的最小值，以及它们两者间的裕度。在确定裕度时，应尽量考虑可能出现的不确定因素，但不要求考虑绝缘可能击穿的故障率。确定性法的适用范围主要是非自恢复绝缘和 220kV 及以下电压等级的系统。

#### 2. 统计法

按统计法进行绝缘配合时，应通过对工具、装置及设备绝缘强度和作用于其上过电压的统计分析，并根据所允许的最大故障率设计绝缘水平，而且将允许的最大故障率作为绝缘设计的一个安全指标。

当对某种过电压计算绝缘故障率时，需要给出此过电压与工具、装置及设备的绝缘特性两者各自的分布规律。

### 3. 简化统计法

由于绝缘配合统计法和计算较为复杂，故障率计算可采用简化统计法。简化统计法假定过电压和绝缘放电概率都是已知标准偏差的高斯分布，这样就可以用点来代表过电压分布及电气强度分布。

## 2.2.7 带电作业安全性

在带电作业中，其安全性常以带电作业的危险率与带电作业的事故率来衡量。应注意区分带电作业的事故率与带电作业的危险率这两个定义不同、但又有紧密联系的概念，并按下述定义及相关计算方法进行计算。在带电作业中，通常将带电作业间隙在每发生一次操作过电压时，该间隙发生放电的概率称为带电作业危险率。带电作业的事故率是指开展带电作业工作时，作业间隙因操作过电压而放电所造成事故的概率。危险率是无量纲的数值，而事故率则是每百公里线路在一年中发生事故的次数统计值。如果带电作业间隙距离偏小，不能满足带电作业安全指标，可以采用加挂（并联）保护间隙的措施。

## 2.3 35kV 架空线路带电作业一般要求

### 2.3.1 人员要求

35kV 架空线路带电作业人员应身体健康，无妨碍作业的生理和心理障碍。应具有电工原理和电力线路的基本知识，掌握配电带电作业的基本原理和操作方法，熟悉作业工器具的适用范围和使用方法。熟悉《电力安全工作规程》（GB 26859）线路部分和本标准。应会紧急救护法，特别是触电急救。通过专门培训且考试合格取得资格，经本单位批准后，方可参加相应的作业。

工作负责人（或专责监护人）应具有带电作业资格和 3 年以上带电作业实际工作经验，熟悉设备状况，具有一定组织能力和事故处理能力，通过专门培训且考试合格取得资格，经本单位批准后，方可负责现场的监护。

### 2.3.2 气象条件要求

作业应在良好天气下进行，作业前应进行风速和湿度测量。风力大于 10.7m/s 或相对湿度大于 80% 时，不宜作业。如遇雷、雨、雪、雾时不应作业。

在特殊或紧急条件下，必须在恶劣气候下进行带电抢修时，应针对现场气候和工作条件，组织有关工程技术人员和全体作业人员充分讨论，制定可靠的安全措施和技术措施，经分管生产负责人或总工程师批准进行。夜间抢修作业应有足够的照明设施。

带电作业过程中若遇天气突然变化，有可能危及人身或设备安全时，应立即停止工作；在保证人身安全的情况下，尽快恢复设备正常状况，或采取其他措施。

### 2.3.3　技术要求

#### 1. 最小安全距离

在海拔 1000m 及以下，35kV 架空线路上作业时，人体与带电体的最小安全距离（不包括人体活动范围）为 0.6m，相间最小安全距离为 0.8m。

斗臂车的臂上金属部分在仰起、回转运动中，与带电体间的最小安全距离为 1.1m。带电升起、下落、左右移动导线等作业时，与被跨物间交叉、平行的最小安全距离为 1.2m。

对带电体设置绝缘遮蔽时，应按照从近到远的原则，从离身体最近的带电体依次设置；对上下多回分布的带电导线设置遮蔽用具时，应按照从下到上的原则，从下层导线开始依次向上层设置；对导线、绝缘子、横担的设置次序应按照从带电体到接地体的原则，先放导线遮蔽用具，再放绝缘子遮蔽用具，然后对横担进行遮蔽，遮蔽用具之间的接合处的重合长度不小于 300mm。如果重合部分长度无法满足要求，应使用其他遮蔽用具遮蔽接合处，使其重合长度满足要求。

#### 2. 最小有效绝缘长度

绝缘承力工具一般包括支、拉、吊杆及绝缘绳等，在海拔 1000m 及以下时，其最小有效绝缘长度为 0.6m。

绝缘斗臂车绝缘臂在海拔 1000m 及以下时，其有最小有效绝缘长度为 1.5m。

绝缘平台、绝缘梯等在海拔 1000m 及以下时，扣除中间人体短接和金属部分距离后，其最小有效绝缘长度为 0.6m。

绝缘操作工具的最小有效绝缘长度手持部位至带电体之间，扣除金属长度后为 0.9m。

### 2.3.4　工器具试验

#### 1. 绝缘防护用具试验

35kV 架空线路带电作业应使用额定电压不小于 35kV 的工器具。工器具应通过型式试验，每件工器具应通过出厂试验并定期进行预防性试验，试验合格且在有效期内方可使用。

绝缘防护用具一般包括绝缘手套、绝缘毯、绝缘披肩、绝缘套鞋等，其试验应符合表 2-1 的规定。

表 2-1　　　　　　　　　　　　绝缘防护用具试验

| 出厂试验 | | 预防性试验 | | |
|---|---|---|---|---|
| 试验电压/kV | 试验时间/min | 试验电压/kV | 试验时间/min | 试验周期/月 |
| 40 | 3 | 40 | 1 | 6 |

注：试验中试品应无击穿、无闪络、无发热。

### 2. 绝缘遮蔽用具试验

绝缘遮蔽用具一般包括绝缘套管、绝缘遮蔽罩、绝缘布等，其试验应符合表 2-2 的规定。

表 2-2　　　　　　　　　　　　绝缘遮蔽用具试验

| 出厂试验 | | 预防性试验 | | |
|---|---|---|---|---|
| 试验电压/kV | 试验时间/min | 试验电压/kV | 试验时间/min | 试验周期/月 |
| 50 | 3 | 50 | 1 | 6 |

注：试验中试品应无击穿、无闪络、无发热。

### 3. 绝缘操作及承力工具试验

绝缘操作及承力工具一般包括绝缘操作杆等，其试验应符合表 2-3 的规定。

表 2-3　　　　　　　　　　　绝缘操作及承力工具试验

| 试验长度/m | 出厂试验 | | 预防性试验 | | |
|---|---|---|---|---|---|
| | 试验电压/kV | 试验时间/min | 试验电压/kV | 试验时间/min | 试验周期/月 |
| 0.6 | 150 | 1 | 95 | 1 | 6 |

注：试验中试品应无击穿、无闪络、无发热。

### 4. 绝缘斗臂车试验

绝缘斗臂车交流耐压试验应符合表 2-4 的规定。

绝缘斗臂车交流泄漏电流试验应符合表 2-5 的规定。

表 2-4　　　　　　　　　　　绝缘斗臂车交流耐压试验

| 试验项目 | 试验长度/m | 预防性试验 | | |
|---|---|---|---|---|
| | | 试验电压/kV | 试验时间/min | 试验周期/月 |
| 绝缘臂 | 0.6 | 105 | 1 | 12 |
| 整车 | 1.5 | 105 | 1 | 12 |
| 绝缘内斗层向 | — | 50 | 1 | 12 |
| 绝缘外斗沿面 | 0.4 | 50 | 1 | 12 |

注：试验中试品应无击穿、无闪络、无发热。

表 2-5 绝缘斗臂车交流泄漏电流试验

| 工具类型 | 试验项目 | 试验长度/m | 预防性试验 | | |
|---|---|---|---|---|---|
| | | | 试验电压/kV | 泄漏值/$\mu$A | 试验周期/月 |
| 绝缘斗臂车 | 整车 | 1.5 | 70 | ≤500 | 12 |
| | 绝缘斗 | 0.6 | 70 | ≤200 | 12 |

注：试验中试品应无击穿、无闪络、无发热。

### 2.3.5 工具的运输及保管

在运输过程中，绝缘工具应装在专用工具袋、工具箱或专用工具车内，以防受潮和损伤。

绝缘工具在运输中应防止受潮、淋雨、暴晒等，内包装运输袋可采用塑料袋，外包装运输袋可采用帆布袋或专用皮（帆布）箱。

带电作业用工具应存放在专用库房里，带电作业工具库房应满足 DL/T 974—2018《带电作业用工具库房》的规定。

### 2.3.6 其他要求

对于复杂、难度大的新项目和研制的新工具，应进行试验论证，确认安全可靠，制订操作工艺方案和安全技术措施，并经本单位批准后方可使用。

带电作业工作票签发人和工作负责人对带电作业现场情况不熟悉时，工作负责人一同前往。根据勘察结果做出能否进行带电作业的判断，并确定作业方法和所需工具以及应采取的措施。

开展作业前，应勘查架空线路是否符合作业条件、同杆（塔）架设线路及其方位和电气间距、作业现场条件和环境及其他影响作业的危险点，并根据查勘结果确定作业方法、所需工具以及应采取的措施。

工作负责人在工作开始前，应与值班调控人员或运维人员联系。需要停用重合闸的作业和带电断、接引线工作应由值班调控人员履行许可手续。工作结束后应及时向值班调控人员或运维人员汇报。严禁约时停用或恢复重合闸。

在带电作业过程中如设备突然停电，作业人员应视设备仍然带电。工作负责人应尽快与调度联系，调度未与工作负责人取得联系前不得强送电。

带电作业实施过程中，可按照《中国南方电网有限责任公司电力安全工作规程第 2 部分：高压输电》执行工作票制度、工作监护制度、工作间断和终结制度。

（1）工作票制度。

带电作业可按《中国南方电网有限责任公司电力安全工作规程 第 2 部分：高压输电》中的规定，填写带电作业工作票。工作票由工作负责人填写，字迹应正确清楚，不得任意涂改。工作票的有效时间已批准检修期为限，已结束的工作票应存档 3 个月备案。工作票签发人应由熟悉人员技术水平、熟悉设备情况、熟悉本规程并具有带电作业工作经验的生产领导人、技术人员或本单位主管生产的领导或总工程师担任。工作票签发人名单应书面公布。工作票签发人不得同时兼任该项工作的工作负责人。每次作业前全体作业人员应在现场列队，由工作负责人布置工作任务，进行人员分工，交代安全技术措施、现场施工作业程序及配合等，并认真检查有关的工具、材料备齐且合格后开始工作。

（2）工作监护制度。

带电作业应设专人监护，工作负责人（监护人）必须始终在工作现场，对作业人员的安全认真监护，及时纠正违反安全的动作。工作负责人（监护人）不得擅离岗位或兼任其他工作。监护的范围不得超过一个作业点；复杂的或高杆塔上的作业应增设（塔上）监护人。

（3）工作间断和终结制度。

带电作业过程中，可能因故需临时间断，在间断期间，工作现场的带电工具和器材需可靠固定，并保持安全隔离和派专人看守。间断工作恢复以前，必须检查一切工具、器材和设备，经查明确定安全可靠后才能重新工作。每项工作结束后，应仔细清理工作现场，工作负责人应严格检查设备上有无工具和材料遗留，设备是否恢复工作状态。全部工作结束后，应向调度部门汇报。

### 2.3.7　作业注意事项

（1）作业前准备。

根据作业项目和作业场所的需要，配足绝缘防护用具、遮蔽用具、操作工具、承载工具等，并检查是否完好，工器具应分别装入工具袋、工具箱或工具车中带往现场。绝缘斗臂车应检查其表面状况，若绝缘臂、斗表面存在明显脏污，可采用清洁毛巾或棉纱擦拭，清洁完毕后应在正常工作环境下置放 15min 以上；绝缘斗臂车在使用前应空斗试操作 1 次，确认液压传动、回转、升降、伸缩系统工作正常，操作灵活，制动装置可靠。

作业人员应在现场列队，由工作负责人布置工作任务，进行人员分工，交代安全技术措施、现场施工作业程序及配合等，并检查有关的工具、材料齐全且合格后方可开始工作。

工作负责人根据作业项目确定操作人员，当出现作业人员精神和体力明显不适的情况时，应及时更换人员，不得强行要求作业。

（2）工器具检查检测。

检查工器具在运输、装卸过程中有无螺帽松动，绝缘遮蔽用具、防护用具有无破损，在干燥、阴凉位置，将作业工器具分类整理摆放在防潮布上，并对绝缘操作工具进行绝缘电阻检测。

作业人员在工作现场应检查电杆及电杆拉线，必要时应采取防止倒塌的措施，绝缘手套和绝缘靴在使用前应压入空气，检查有无针孔缺陷；绝缘袖套在使用前应检查有无刺孔、划破等缺陷。若存在以上缺陷，应退出使用。

（3）绝缘斗臂车使用。

作业人员应根据地形地貌，将绝缘斗臂车定位于最适合作业的位置，绝缘斗臂车应良好接地。作业人员进入绝缘斗之前应在地面上将绝缘安全帽、绝缘靴（鞋）、绝缘服（披肩、袖套）、绝缘手套及外层防刺穿手套等穿戴妥当，并由工作负责人（或专责监护人）进行检查，作业人员进入工作斗内或登杆到达工作位置后，应先系好安全带。注意周边电信和高低压线路及其他障碍物，选定合适的绝缘斗升降回转路径，平稳地操作。应考虑工作负载及工器具和作业人员的重量，严禁超载。

使用绝缘斗臂车过程中，绝缘斗臂车的发动机不得熄火（电力驱动除外）。凡具有上、下绝缘段而中间用金属连接的绝缘伸缩臂，作业人员在工作过程中应不接触金属件；作业过程中不允许绝缘斗臂车工作斗触及导线，工作斗的起升、下降速度不应大于 0.5m/s；回转机构回转时，作业斗外缘的线速度不应大于 0.5m/s。

（4）验电。

在接近带电体的过程中，应从下方依次验电，对人体可能触及范围内的低压线支承件、金属紧固件、横担、金属支承件、带电导体亦应验电，确认无漏电现象。

在低压带电导线或漏电的金属紧固件未采取绝缘遮蔽或隔离措施时，作业人员不得穿越或碰触。

（5）遮蔽。

如遮蔽罩有脱落的可能时，应采用绝缘夹或绝缘绳绑扎，以防脱落。作业位置周围如有接地拉线和低压线等设施，也应使用绝缘挡板、绝缘毯、遮蔽罩等对周边物体进行绝缘隔离。另外，无论导线是裸导线还是绝缘导线，在作业中均应进行绝缘遮蔽。对绝缘子等设备进行遮蔽时，应避免人为短接绝缘子片。拆除遮蔽用具应从带电体下方（绝缘杆作业法）或者侧方（绝缘手套作业法）拆除，拆除顺序与安装顺序相反；应按照从远到近的原则，即从离作业人员最远端开始依次向近处拆除，如是拆除上下多回路的绝缘遮蔽用具，应按照从上到下的原则，从上层开始依次向下顺序拆除。对于导线、绝缘子、横担的遮蔽拆除，应按照先接地体后带电体的原则，先拆横担遮蔽用具（绝缘垫、绝缘毯、遮蔽罩），再拆绝缘子遮蔽用具，最后拆导线遮蔽用具。在拆除绝缘遮蔽用具时应尽可能轻地拆除，不使被遮蔽体显著振动。

（6）监护。

从地面向杆上作业位置吊运工器具和遮蔽用具时，工作负责人（或专责监护人）检查工器具和遮蔽用具应分别装入不同的吊装袋，避免混装。采用绝缘斗臂车的绝缘小吊或绝缘滑轮吊放时，吊绳下端不应接触地面，应防止吊绳受潮及缠绕在其他设施上，吊放过程中应边观察边吊放。杆上作业人员之间传递工具或遮蔽用具时应一件一件地分别传递。

工作负责人（或专责监护人）应时刻掌握作业的进展情况，密切注视作业人员的动作，根据作业方案及作业步骤及时做出适当的指示，整个作业过程中不得放松高风险作业地点的监护工作。工作负责人应时刻掌握作业人员的疲劳程度，保持适当的时间间隔，必要时可以两班交替作业。

# 第3章 劳动防护装备与工器具

## 3.1 绝缘手套带电作业法所需工具

35kV 带电作业工具主要分类有绝缘工具、安全防护用具、金属承力工具、检修装置及设备。绝缘工具：绝缘操作杆、绝缘支/拉/吊杆、绝缘硬梯、绝缘绳索、绝缘软梯、绝缘滑车、绝缘横担、绝缘平台、绝缘托瓶架等。安全防护用具：绝缘手套、绝缘袖套、绝缘服（披肩）、绝缘鞋、绝缘安全帽、绝缘毯、绝缘垫、遮蔽罩、屏蔽服。金属承力工具：绝缘子卡具、紧线卡线器等。检修装置及设备：绝缘斗臂车。

### 3.1.1 绝缘服

#### 1. 相关参数及用途

绝缘服适用电压等级为 35kV。绝缘服（上衣）如图 3-1 所示，其相关参数见表 3-1。绝缘服主要用于配电网带电作业人员躯体的防护，短时接触带电导体和电气设备时防止电击。

图 3-1　绝缘服（上衣）

表 3-1　　　　　　　　　　　　　绝 缘 服 参 数

| 尺码 | 电气性能级别/kV | 最大使用电压/kV | 试验电压/(kV/3min) | 颜色 |
|---|---|---|---|---|
| L、M、XL、2XL | 4 级（35） | 35.0 | 40 | 红色 |

#### 2. 现场检查注意事项

作业前，绝缘服应有序地放置在防潮苫布或绝缘垫上，作业人员应仔细地对绝缘服进行检查：

（1）应检查绝缘服有无定期试验标签，试验是否超期（绝缘服应定期进行电气试验，预防性试验每年一次，检查性试验每年一次，两次试验间隔半年）。无试验标签及超期的绝缘服应暂停使用。

（2）应检查绝缘服有无划印、破损和脏污，若有脏污应用干燥、清洁毛巾清洁绝缘服表面，擦除脏污。

（3）应用绝缘检测仪两点接触绝缘服检测，绝缘电阻不少于 700MΩ，检测时应戴绝缘手套。

### 3.1.2 绝缘手套

#### 1. 相关参数及用途

绝缘手套适用电压等级为 35kV，如图 3-2 所示，其相关参数见表 3-2。绝缘手套主要用于配电线路带电作业人员手部防护。

图 3-2　绝缘手套

表 3-2　　　　　　　　　　　绝缘手套相关参数

| 尺码 | 电气性能级别/kV | 使用电压/kV | 试验电压/(kV/3min) | 颜色 |
| --- | --- | --- | --- | --- |
| L、M、XL、X2、X3 | 4 级（35） | 35 | 40 | 红色 |
| S、M、L | 4 级（35） | 35 | 40 | 黄色 |

#### 2. 技术性能要求

（1）特殊机械性能及要求。

1）应具有防机械穿刺性能，抗机械穿刺性能力不得低于 60N/mm，平均抗机械刺穿强度应不小于 18N/mm。

2）应具有耐磨性能，平均磨损量不得大于 0.05mg/r。

3）应具有抗切割性能，耐切割指数应不小于 2.5。

4）应具有抗撕裂性能，抗撕裂强度不得小于 25N。

5）并具有良好的耐老化、耐低温和阻燃性能。

（2）电气性能要求，见表 3-3。

表 3-3　　　　　　　　　　绝缘手套电气性能要求

| 名称 | 电气性能级别 | 额定工作电压/kV | 型式试验 | | 预防性试验 | |
| --- | --- | --- | --- | --- | --- | --- |
| | | | 试验时间/min | 试验电压/kV | 试验时间/min | 试验电压/kV |
| 绝缘手套 | 4 | 35 | 3min | 40 | 1min | 40 |

注：在工频耐压试验过程中应无击穿、无闪络、无明显发热。

### 3.1.3　绝缘鞋

#### 1. 相关参数及用途

绝缘鞋适用电压等级为 10～20kV，如图 3-3 所示，其预防性试验参数见表 3-4。绝缘鞋主要用于带电作业的足部绝缘防护。

图 3-3　绝缘鞋

（a）布面绝缘鞋；（b）皮面绝缘鞋；（c）胶面绝缘鞋

表 3-4　　　　　　　　　　　绝缘鞋预防性试验参数

| 名称 | 产地 | 电气性能级别 | 最大使用电压/kV | 验证电压/(kV/min) | 验证电压下最大泄漏电流/mA | 尺码 |
|---|---|---|---|---|---|---|
| 布面绝缘鞋 | 国产 | 0 | 0.5 | 5 | 1.5 | 各种 |
| 皮面绝缘鞋 | 国产/进口 | 1 | 3 | 10 | 3 | 各种 |
| 胶面绝缘鞋 | 国产/进口 | 2 | 6、10 | 20 | 6 | 各种 |

#### 2. 电气性能要求见表 3-5

绝缘鞋电气性能要求见表 3-5。

表 3-5　　　　　　　　　　　绝缘鞋电气性能要求

| 名称 | 额定电压级别 | 使用额定电压/kV | 验证试验电压/kV | 验证试验电压下最大泄漏电流/mA |
|---|---|---|---|---|
| 绝缘鞋 | 0 | 0.4 | 5 | 1.5 |
| | 1 | 3 | 10 | 3 |
| | 2 | 10 | 20 | 6 |

注：在工频耐压试验过程中应无击穿、无闪络、无明显发热。

#### 3. 使用注意事项

（1）鞋面按材质分为布面绝缘鞋、皮面绝缘鞋、胶面绝缘鞋。

（2）按系统电压分为 2 类：0.4kV（出厂试验：工频电压 6kV/min，泄漏电流不小于 2.5mA）绝缘鞋、3～10kV（出厂试验：工频耐压 20kV/2min，泄漏电流不大于 3mA）绝缘鞋。

（3）机械性能满足 DL/T 676—2012《带电作业用绝缘鞋（鞋）通用技术条件》要求。

### 3.1.4　绝缘毯

**1. 相关参数及用途**

绝缘毯适用电压等级为 35kV。绝缘毯和毯夹如图 3-4 和图 3-5 所示。绝缘毯和毯夹主要用于配电线路带电作业时对带电体、接地体的绝缘遮蔽。

图 3-4　绝缘毯

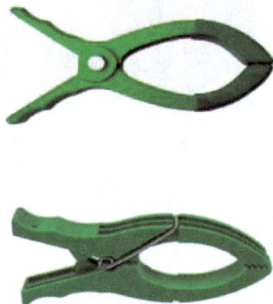

图 3-5　毯夹

**2. 使用注意事项**

（1）使用前测试，每次使用前都要对每张绝缘毯的上下表面进行外观检查。如果发现绝缘毯存在可能影响安全性能的缺陷。如出现割裂破损厚度减薄等不足以保证绝缘性能情况时，应禁止使用，并及时更换。

（2）一般绝缘毯使用的环境温度介于－25～＋70℃之间，而 C 型绝缘毯使用的环境温度介于－40～＋55℃之间。

（3）使用中的保护。绝缘毯应避免不必要的暴露在高温阳光下，也要尽量避免和机油、油脂、变压器油、工业乙醇以及强酸强碱物体接触，应避免尖锐物体刺划。

**3. 技术性能要求**

（1）分类及等级。

绝缘毯应采用绝缘的橡胶类和塑胶类材料，采用无缝制作工艺制成。按电气性能分为 0 级（380V）、1 级（3kV）、2 级（6～10kV）、3 级（20kV）、4 级（35kV）五级。

具有特殊性能和多重特殊性能的绝缘毯分为 6 种类型，分别为 A（耐酸）、H（耐油）、Z（耐臭氧）、M（耐机械刺穿）、S（耐油和臭氧）、C（耐低温）型。

（2）外观要求。

1）样式。绝缘毯形状可采用平展式（图 3-6）和开槽式（图 3-7），以及专为满足特殊用途需要设计的某种形式。

2）尺寸。生产商应提供绝缘毯的长、宽尺寸及允许误差见表 3-6。

3）厚度。绝缘毯应有合适的柔软度，其最大厚度规定见表 3-7。A、H、M、S 和 Z 型绝缘毯所需增加的额外厚度不应超过 0.6mm。

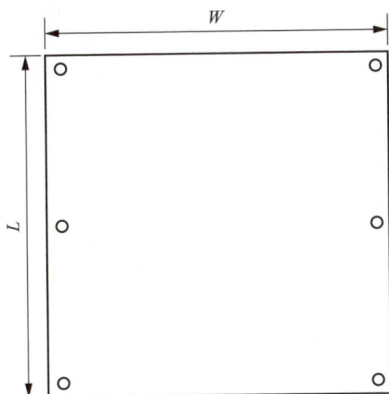

图 3-6  平展式绝缘毯        图 3-7  开槽式绝缘毯

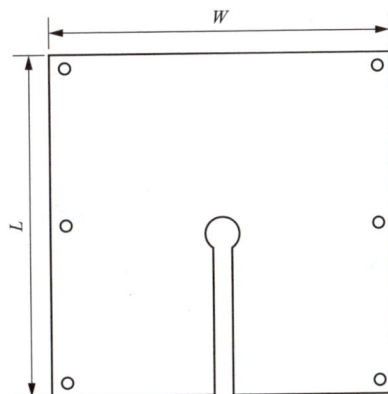

**表 3-6**                         **绝缘毯的长、宽尺寸及允许误差**

| 平展式 | | 开槽式 | |
|---|---|---|---|
| 长/mm | 宽/mm | 长/mm | 宽/mm |
| 910 | 305 | — | — |
| 560 | 560 | 560 | 560 |
| 910 | 690 | 910 | 910 |
| 910 | 910 | — | — |
| 2280 | 910 | 1160 | 1160 |

注：除开槽式绝缘毯（1160mm×1160mm）外，允许误差均为±15mm；开槽式绝缘毯（1160mm×1160mm）允许误差为±25mm。

**表 3-7**                         **绝 缘 毯 的 最 大 厚 度**

| 级别 | 橡胶类材料绝缘毯/mm | 塑胶类材料绝缘毯/mm |
|---|---|---|
| 0 | 2.2 | 1.0 |
| 1 | 3.6 | 1.5 |
| 2 | 3.8 | 2.0 |
| 3 | 4.0 | 2.9 |
| 4 | 4.3 | 3.8 |

注：最小厚度不予限定，但必须通过试验。

### 3.1.5 绝缘安全帽

绝缘安全帽适用电压等级为 10kV，如图 3-8 所示，其相关参数见表 3-8。10kV 绝缘安全帽主要用于用于带电作业人员头部的绝缘和防冲击保护。

由于绝缘安全帽的结构而形成了爬电距离无法达到要求 40kV 的验证电压（4 级），因此，目前在 35kV 带电作业中，暂时佩戴 10kV 电压等级（安全等级 2 级）的绝缘安全帽。

图 3-8　10kV 绝缘安全帽

表 3-8　　　　　　　　　10kV 绝缘安全帽相关参数

| 产地 | 电气性能级别/kV | 使用电压/kV | 试验电压/(kV/3min) | 颜色 |
|---|---|---|---|---|
| 中国 | 2 级 | 10 | 20 | 黄色 |
| 日本 | 2 级 | 10 | 20 | 黄色 |
| 美国 | 2 级 | 10 | 20 | 黄色 |

## 3.2　绝缘操作杆作业法所需工具

### 1. 相关参数及用途

绝缘操作杆作业法所需工具为绝缘操作杆。绝缘操作杆适用电压等级为 35kV，如图 3-9 所示。绝缘操作杆主要用于输变电带电作业工作中进行分、合闸操作、验电、消缺、拆除异物等作业。

### 2. 绝缘操作杆使用注意事项

（1）绝缘操作杆使用前应检查型号规格、制造厂名、制造日期、电压等级及带电作业用（双三角）符号等标识是否清晰完整。绝缘操作杆应光滑。

（2）绝缘操作杆在使用前检查，一定要确保光滑，避免在使用过程中划伤皮肤。

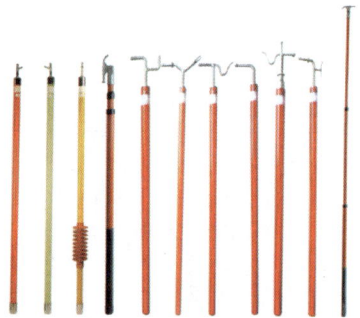

图 3-9　绝缘操作杆

（3）绝缘操作杆绝缘部分应无气泡、皱纹、裂纹、绝缘层脱落、严重的机械或电灼伤痕，玻璃纤维布与树脂间应黏结完好不得开胶。

（4）手持部分护套与操作杆应连接紧密、无破损，不产生相对滑动或转动。

（5）绝缘操作杆的规格必须符合被操作设备的电压等级，切不可任意取用。

（6）操作前，绝缘操作杆表面应用清洁的干布擦拭干净，使表面干燥、清洁。操作时，人体应与带电设备保持足够的安全距离。

（7）操作者的手握部位不得越过护环，以保持有效的绝缘长度，并注意防止绝缘操作杆被人体或设备短接。

（8）为防止因受潮而产生较大的泄漏电流，危及操作人员的安全，在使用绝缘操作杆拉合隔离开关或经传动机构拉合隔离开关和断路器时，均应戴绝缘手套。

（9）雨天在户外操作电气设备时，绝缘操作杆的绝缘部分应有防雨罩，罩的上口应与绝缘部分紧密结合，无渗漏现象，以便阻断流下的雨水，使其不致形成连续的水流柱而大大降低湿闪电压。

（10）绝缘操作杆应每年进行一次工频耐压试验，不合格者严禁使用。

### 3. 绝缘操作杆技术性能要求

绝缘操作杆由一根或数根绝缘杆组成，使用时数根绝缘杆可接续使用。绝缘操作杆应用合成材料制成，其密度不应小于 $1.75g/cm^3$，吸水率不大于 $0.15\%$，50Hz 介质损耗角正切值不应大于 0.01。杆内填充的泡沫应黏合在绝缘管内壁，在进行试验时，除部件破坏引起的损坏外，泡沫或黏结剂都不应损坏，绝缘管、棒材均满足渗透试验的要求。

## 3.3  35kV 架空线路带电作业常用传递工具

### 3.3.1  绝缘绳索

#### 1. 相关参数及用途

绝缘绳索适用电压等级为 35kV。防潮蚕丝绝缘绳如图 3-10 所示，无极绝缘绳圈（又称为千斤绳）如图 3-11 所示。绝缘绳索主要用于输变电带电作业中起吊、传递工器具或材料。

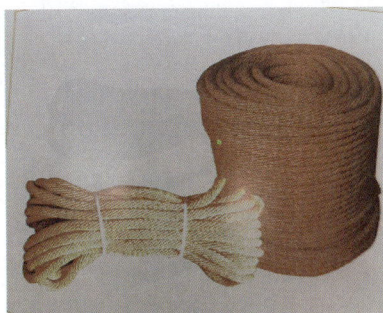

图 3-10  防潮蚕丝绝缘绳    图 3-11  无极绝缘绳圈

2. 使用注意事项

（1）绝缘绳索应避免不必要地暴露在高温、阳光下，也要避免和机油、油脂、变压器油、工业乙醇接触，严禁与强酸、强碱物质接触。

（2）每6个月应对绝缘绳索进行一次例行试验，每年进行一次抽样检验。

（3）潮湿的绝缘绳索要进行干燥处理，但干燥的温度不宜超过65℃。

（4）常规型绝缘绳索适用于晴朗干燥气候条件下的带电作业。防潮型绝缘绳索适用于无雨雪、无持续浓雾的各种气候条件下作业。

（5）绝缘绳索禁止储存在阳光或有其他光源直射的地方，禁止储存在热源附近。

（6）使用单位可根据工作要求选用不同机械性能的常规强度绝缘绳索或高强度绝缘绳索。根据不同气候条件选用常规型绝缘绳索或防潮型绝缘绳索。

（7）使用单位可根据绝缘绳索使用频度和状况，并考虑到电气化学和环境储存等因素可能造成的老化，确定绝缘绳索的使用年限。

3. 技术性能要求

（1）分类。

根据材料，绝缘绳索分为天然纤维绝缘绳索和合成纤维绝缘绳索。

根据在潮湿状态下的电气性能，绝缘绳索分为常规型绝缘绳索和防潮型绝缘绳索。

根据机械强度，绝缘绳索分为常规强度绝缘绳索和高强度绝缘绳索。

根据编织工艺，绝缘绳索分为编织绝缘绳索、绞制绝缘绳索和套织绝缘绳索。

（2）型号规格。

绝缘绳索的型号规格及表示意义示意图如图3-12所示。

图 3-12　绝缘绳索型号规格及表示意义示意图

型号规格举例：

TJS-B-12：天然纤维绝缘绳索-编织型-$\phi$12mm

HJS-J-10：合成纤维绝缘绳索-绞制型-$\phi$10mm

HJS-B-16-F：合成纤维绝缘绳索-编织型-$\phi$16mm-防潮型

GJS-T-18：高强度绝缘绳索-套织型-$\phi$18mm

GJS-B-18-F：高强度绝缘绳索-编织型-$\phi$18mm-防潮型

（3）工艺要求。

1）绝缘绳索应在通风良好、有防尘设备的室内生产，不得沾染油污及其他污染，不得受潮。

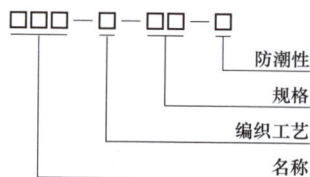

2）每股绝缘绳索及每股线均应紧密绞合，不得有松散、分股的现象。

3）绳索各股中丝线均不应有叠痕、凸起、压伤、背股、抽筋等缺陷。

4）接头应单根丝线连接，不允许有股接头，单丝接头应封闭在绳股内部，不得露在外面。

5）股绳和股线的捻距及纬线在其全长上应该均匀。

6）彩色绝缘绳索色彩应均匀一致。

7）经防潮处理后的绝缘绳索表面应无油渍、污迹、脱皮等现象。

### 3.3.2　绝缘滑车

#### 1. 相关参数及用途

绝缘滑车适用电压等级为 35kV。0.5T 绝缘开口单轮滑车如图 3-13 所示，0.5T 全自动保险单轮滑车如图 3-14 所示。带电作业用绝缘滑车主要用于输变电带电作业工作中用于起吊工器具及材料。

图 3-13　0.5T 绝缘开口单轮滑车　　　图 3-14　0.5T 全自动保险单轮滑车

#### 2. 使用注意事项

（1）使用前要清楚滑车的额定起重量，不能超载使用。

（2）使用前要检查滑车的轮槽、轮轴、拉板、吊钩等部位有无裂缝、损伤，各部分转动是否灵活，螺钉有无松动现象，不合格的滑车不准使用。

（3）在使用中存在以下问题的滑车禁止使用：滑车槽面的磨损深度超过钢丝绳直径的 20%；轮缘部分有破碎损伤；轮轴磨损超过轴径 2%；轮轴套磨损超过壁厚 10%；组成滑轮组的吊钩或吊环的危险断面磨损超过厚度的 12%。

（4）钢丝绳的直径必须与滑轮相配，以免钢丝绳和滑轮互相损伤。

（5）在受力方向变化较大的地方或高空作业时，不宜采用吊钩型滑车，防止脱钩。

### 3. 技术性能要求

（1）整体要求。

零件及组合件按图纸验收合格后才能装配；装配后滑轮在中轴上应转动灵活，无卡阻和碰擦轮缘现象；吊钩、吊环在吊梁上应转动灵活；各开口销不得向外弯，并切除多余部分；侧面螺栓高处螺母部分不大于2mm；侧板开口在90°范围内无卡阻现象。

（2）分类和标记。

各类绝缘滑车名称和型号见表3-9。

表3-9　　　　　　　　　　各类绝缘滑车名称和型号

| 型号 | 名称 | 额定负荷/kN | 滑轮个数 |
|------|------|------------|----------|
| JH5-1B | 单轮闭口型绝缘滑车 | 5 | 1 |
| JH5-1K | 单轮开口型绝缘滑车 | 5 | 1 |
| JH5-1DY | 单轮多用钩型绝缘滑车 | 5 | 1 |
| JH5-2D | 双轮短钩型绝缘滑车 | 5 | 2 |
| JH5-2X | 双轮导线钩型绝缘滑车 | 5 | 2 |
| JH5-2J | 双轮绝缘钩型绝缘滑车 | 5 | 2 |
| JH5-3D | 三轮短钩型绝缘滑车 | 5 | 3 |
| JH5-3X | 三轮导线钩型绝缘滑车 | 5 | 3 |
| JH10-2D | 双轮短钩型绝缘滑车 | 10 | 2 |
| JH10-2C | 双轮长钩型绝缘滑车 | 10 | 2 |
| JH10-3D | 三轮短钩型绝缘滑车 | 10 | 3 |
| JH10-3C | 三轮长钩型绝缘滑车 | 10 | 3 |
| JH15-4D | 四轮短钩型绝缘滑车 | 15 | 4 |
| JH15-4C | 四轮长钩型绝缘滑车 | 15 | 4 |
| JH20-4D | 四轮短钩型绝缘滑车 | 20 | 4 |
| JH20-4C | 四轮长钩型绝缘滑车 | 20 | 4 |

注：滑车型号编制采用汉语拼音第一个字母与阿拉伯数字相结合表示的方法。JH表示绝缘滑车，JH之后的数字表示额定负荷，短横线后的数字表示滑轮的个数，最后的字母表示结构特点。汉语拼音首字母表示的结构特点及类型：B—侧板闭口型，K—侧板开口型，D—短钩型，C—长钩型，J—绝缘钩型，X—导线钩型，DY—多用钩型。

## 3.4　劳动防护用具与定制化遮蔽工具

### 3.4.1　安全带

安全带适用电压等级为通用。全身型安全带及防坠落安全绳如图3-15所示，绝缘安全带（围杆式）如图 3-16 所示，安全带预防性试验技术参数要求见表 3-10。安全带主要用于高处作业、架空线路围杆登高及悬挂防坠落保护装备。

图 3-15  全身型安全带及防坠落安全绳

图 3-16  绝缘安全带（围杆式）

表 3-10                       安全带预防性试验技术参数

| 项目 | 周期 | 要求 | | | 说明 |
| --- | --- | --- | --- | --- | --- |
| | | 种类 | 试验静拉力/N | 载荷时间/min | |
| 静负载试验 | 1 年 | 围杆带 | 2205 | 5 | 牛皮带试验周期为半年 |
| | | 围杆绳 | 2205 | 5 | |
| | | 护腰带 | 1470 | 5 | |
| | | 安全绳 | 2205 | 5 | |

## 3.4.2  遮蔽罩（管）

### 1. 相关参数及用途

遮蔽罩（管）适用电压等级为 35kV。常见的遮蔽管、遮蔽罩、挡板如图 3-17～图 3-22 所示。遮蔽罩（管）主要用于配电线路带电作业时遮蔽导线、拉线等。不同类型的遮蔽罩（管）具体使用场景如下：

图 3-17  遮蔽管

图 3-18  针式绝缘子遮蔽罩

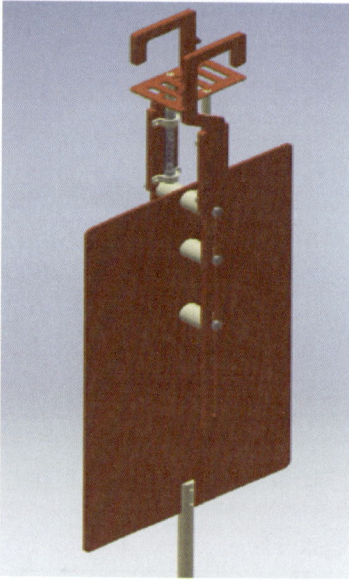

图 3-19　多功能跳线挡板

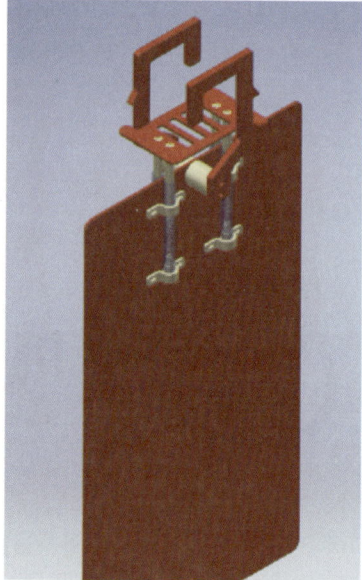

图 3-20　多功能导线挡板

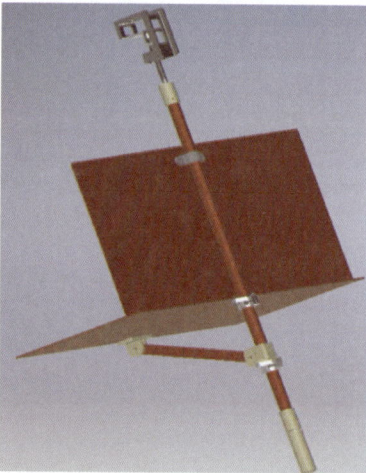

图 3-21　直角可调绝缘子挡板

图 3-22　直线绝缘子遮蔽罩

（1）遮蔽罩：由绝缘材料制成的遮蔽罩，起遮蔽或隔离的保护作用，防止作业人员与带电体发生直接碰触。

（2）导线遮蔽罩：用于对导线进行绝缘遮蔽的护罩。

（3）针式绝缘子遮蔽罩：用于对针式绝缘子进行绝缘遮蔽的护罩。

（4）耐张装置遮蔽罩：用于对耐张绝缘子、线夹、拉钣金具等进行绝缘遮蔽的护罩。

（5）悬垂装置遮蔽罩：用于对悬垂绝缘子、线夹、金具进行绝缘遮蔽的护罩。

（6）线夹遮蔽罩：用于对线夹进行绝缘遮蔽的护罩。

（7）棒型绝缘子遮蔽罩：用于对棒型绝缘子进行绝缘遮蔽的护罩。

（8）电杆遮蔽罩：用于对电杆或电杆顶部进行绝缘遮蔽的护罩。

（9）横担遮蔽罩：用于对横担进行绝缘遮蔽的护罩。

（10）套管遮蔽罩：用于对套管进行绝缘遮蔽的护罩。

（11）跌落式开关遮蔽罩：用于对跌落式开关进行绝缘遮蔽的护罩。

2. 使用注意事项

（1）遮蔽罩（如电线遮蔽罩、绝缘子遮蔽罩、熔断器遮蔽罩、闭端遮蔽罩）要避免作业人员接触通电部分或设备。作业人员决不能故意接触遮蔽罩，除了在佩戴绝缘手套的情况下，作业人员必须时刻注意他们所处环境，避免与遮蔽罩的意外接触。

（2）遮蔽罩要小心处理，将损坏和磨损的可能性降到最低，必须保持清洁。遮蔽罩的维护同带电工具的维护同样重要，每个遮蔽罩在使用前都应经过彻底的检查以确保没有裂缝或者深刮伤，并保证干净，清洁时必须用擦拭布，如不能完全去除污渍还可以使用中性肥皂水。

（3）终端遮蔽罩应放置在阴凉干燥的室温环境下，避免受潮导致绝缘下降危害到作业人员人身安全。

3. 技术性能要求

遮蔽罩采用绝缘材料制成，如果使用表面经过加工处理（如加涂防潮涂料等）的绝缘材料，应加以说明。GB/T 12168 规定了由环氧树脂材料、塑料材料、橡胶材料、聚合材料等制成的遮蔽罩的技术要求和试验方法。

（1）绝缘遮蔽罩电气性能和特殊性能要求及分类。

遮蔽罩按电气性能分为 0、1、2、3、4 五级，适用于系统不同电压等级的遮蔽罩见表 3-11。具有特殊性能的遮蔽罩分为 5 种类型，分别为 A、H、C、W、P型，见表 3-12。

表 3-11　　　　　　　　　　适用于不同电压等级的遮蔽罩

| 级别 | 交流电压[①]/V |
|------|------|
| 0 | 380 |
| 1 | 3000 |
| 2 | 10 000（6000） |
| 3 | 20 000 |
| 4 | 35 000 |

① 在三相系统中指的是线电压。

**表 3-12**                                遮 蔽 罩 类 型

| 型号 | 特殊性能 |
| --- | --- |
| A | 耐酸 |
| H | 耐油 |
| C | 耐低温 |
| W | 耐高温 |
| P | 耐潮 |

（2）遮蔽罩（管）的其他性能要求。

1）形状和尺寸：遮蔽罩的尺寸和形状应和被遮蔽对象相配合。对于以多个遮蔽罩组成的绝缘遮蔽系统，每个遮蔽罩应便于相互组装，相互连接，在其保护区域内应不出现间隙。

2）厚度：遮蔽罩的最小厚度不予限定，但必须通过 GB/T 12168—2006《带电作业用遮蔽罩》第 7 章、第 8 章所规定的试验。

3）操作定位装置：应在遮蔽罩上有一个操作定位装置，以便可以使用合适的工具来安装和拆卸遮蔽罩。

4）防脱落装置：为保证遮蔽罩不会由于风吹、导线移动等原因而从它所遮蔽的部分脱落下来。应在遮蔽罩上安装一个或几个锁定装置，闭锁部件应便于闭锁或开启，闭锁部件的闭锁和开启应能用绝缘杆来操作。

5）通用性：在同一绝缘遮蔽组合中，遮蔽罩之间连接的端部必须是可通用的。

6）工艺及成型：遮蔽罩内外表面不应存在有害的不规则性。有害的不规则性是指破坏其均匀性、损坏表面光滑轮廓的缺陷，如小孔、裂缝、局部隆起、切口、夹杂导电异物、折缝、空隙等。

## 3.5　绝 缘 斗 臂 车

**1. 相关参数及用途**

绝缘斗臂车适用电压等级为 35kV。绝缘斗臂车如图 3-23 所示。绝缘斗臂车主要用于配电架空线路带电作业。

**2. 使用注意事项**

（1）绝缘斗臂车的使用人员需经严格培训，熟练掌握各种机械液压和升降旋转性能后，方可操作。

（2）绝缘斗臂车作业时应选择地面坚实、空间宽阔的地方，支腿尽量避开土质松软的地面和地沟口，支腿时地面低的先支，地面高的后支；收腿时，先收高地面后收低地面。遇有坡度的路面应在车轮处打眼木，以防溜车。

图 3-23　绝缘斗臂车

（3）绝缘斗臂车的使用人员必须严格按使用说明书和操作作业顺序的有关规定进行操作。

（4）天气晴好的时候使用绝缘斗臂车，天气情况恶劣、下雨及绝缘工作斗等部件潮湿时，应禁止使用绝缘斗臂车。

（5）绝缘斗臂车带电作业时，必须接地。

**3. 技术性能要求**

（1）满足作业高度 10～25m。

（2）满足作业幅度 4.5～14.5m。

（3）满足绝缘斗承载 200～360kg，单人单斗承载不小于 135kg。

（4）满足小吊额定载荷 400～907kg。

（5）车辆应设置专用的车体接地装置，接地装置标有规定的符号或图形；接地装置包括长度不小于 10m，截面积不小于 25mm² 的带透明保护套的多股软铜接地线。车身应能可靠接地。

## 3.6　35kV 线路绝缘操作杆作业法工具试验

35kV 线路绝缘操作杆作业法工具机械、电气试验参考数据见表 3-13 和表 3-14。

表 3-13　　　　　　　　机 械 试 验 参 考 数 据

| 名称 | 型号 | 电压等级/kV | 额定荷重/kN | 静态试验荷重/kN | 破坏荷重 | 是否符合 |
|---|---|---|---|---|---|---|
| 直线类卡具 | | 35 | 5 | ＞6 | | 是 |
| 耐张类卡具 | | 35 | 7.5 | ＞9 | | 是 |
| 拉棒（直线） | | 35 | 5 | ＞6 | | 是 |
| 拉板（耐张） | | 35 | 7.5 | ＞9 | | 是 |
| 全绝缘三轮滑车（直线） | | 35 | 5 | ＞6 | | 是 |

表 3-14　　　　　　　　　电 气 试 验 参 考 数 据

| 名称 | 电压等级/kV | 试验距离/m | 出厂试验 | |
|---|---|---|---|---|
| | | | 试验时间/min | 试验电压/kV |
| 绝缘拉棒（板） | 35 | 0.6 | 1 | ＞100 |
| 绝缘操作杆 | 35 | 0.6 | 1 | ＞100 |
| 绝缘挡板 | 35 | 0.6 | 1 | ＞100 |
| 绝缘瓷瓶导线一体罩 | 35 | 镜像 | 2 | ＞40 |
| 直角绝缘挡板 | 35 | 镜像 | 2 | ＞40 |

# 第 4 章　35kV 架空线路带电作业工作步骤

35kV 架空线路带电作业工作流程示意图如图 4-1 所示，不同作业项目的关键流程各有不同，本流程图仅对更换绝缘子的流程进行介绍。

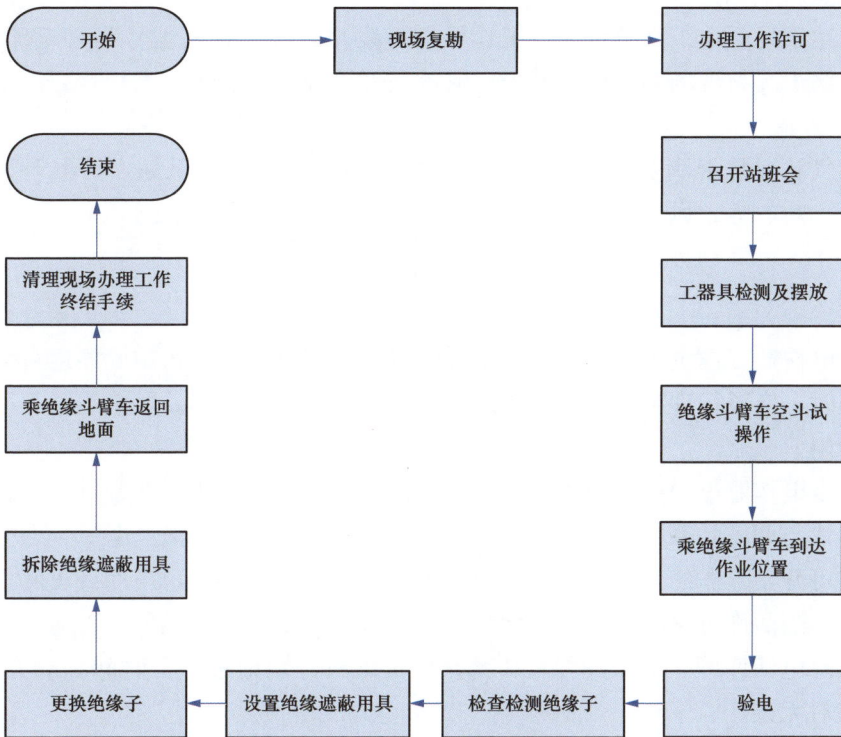

图 4-1　工作流程示意图

## 4.1　现场勘察及复勘

现场勘察是判断能否进行带电作业并确定作业方式和作业所需工具以及应采取的安全和技术措施的重要依据。

现场勘察由带电作业工作票签发人或工作负责人组织，参与勘察的人员必须有实际带电作业经验，并熟悉相关的规程或规定。

勘察内容主要包括作业范围以及作业地点的地形状况、周围环境等环境条件。

查看作业点的设备结构型式，包括杆塔型式、设备间距、交叉跨越、同杆架设及临近带电设备等。

了解工作性质，并针对实际现场作业条件确定带电作业方法及作业步骤。

工作勘察应做好记录，工作票签发人根据勘察结果判定是否具备带电作业条件，并认证工作的必要性。工作票签发人根据勘察结果，确定作业方法及相应的安全措施，签发带电作业工作票。

现场复勘由工作负责人现场组织，工作负责人考虑作业中的技术难点、重点及危险点。

到达现场后，工作负责人持工作票核对线路名称和杆塔编号是否正确无误，核实线路工况与现场勘察情况是否一致，是否符合带电作业要求，是否满足作业条件。

天气状况是否满足带电作业要求。测量温度、湿度和风速，天气晴好，无雷、雨、雪、雾，风力不大于 10.7m/s，空气湿度不大于 80%。

## 4.2　工　作　许　可

带电作业工作负责人在工作开始之前应与调度取得联系，需要停用自动重合闸装置时，应履行许可手续。工作结束后应及时向调度汇报。严禁约时停用或恢复重合闸。

在带电作业过程中如设备突然停电，作业人员应视设备仍然带电。工作负责人应尽快与调度联系，调度与工作负责人取得联系之前不得强送电。

许可开始工作的命令，应通知工作负责人，其方法可采用当面许可和电话许可方式。当面许可，工作许可人和工作负责人应在工作票上记录许可时间，并分别签名。电话许可，工作许可人和工作负责人应分别记录许可时间和双方姓名，复诵核对无误。

## 4.3　现　场　站　班　会

每次作业前，全体作业人员应在现场列队，由工作负责人检查作业人员身体和精神状态，检查个人劳动防护用品是否齐全、完备。

工作负责人宣读工作票，布置工作任务，交代安全技术措施、现场施工作业程序、危险点分析、布控及配合等，并进行人员分工。抽查作业人员对工作任务、安全措施、危险点等知晓程度，并履行录音、签字确认手续。

根据分工，作业人员检查有关的安全防护用品及工具、材料，备齐合格后方可开始工作。

# 4.4 工器具检测及摆放

## 4.4.1 绝缘防护用具

绝缘防护用具由绝缘材料制成，在带电作业时对人体进行安全防护的用具包括绝缘安全帽、绝缘袖套、绝缘披肩、绝缘服、绝缘裤、绝缘手套、绝缘鞋（靴）等。

绝缘手套和绝缘靴在使用前应压入空气，检查有无针孔、缺陷；绝缘袖套在使用前应检查有无刺孔、划破等缺陷，若有以上缺陷，应退出使用。

用绝缘检测仪采用点接触方式检测绝缘电阻不少于 $700M\Omega$，检测绝缘电阻时应戴绝缘手套。

绝缘防护用具应定期进行预防性试验，试验电压为 40kV，试验时间为 1min，试验周期为 6 个月。

## 4.4.2 绝缘遮蔽用具

绝缘遮蔽用具是指由绝缘材料制成，用来遮蔽或隔离带电体和邻近的接地部件的硬质或软质用具，主要包括绝缘隔板和绝缘罩等。

绝缘遮蔽用具在绝缘设计中，通常以绝缘板、管等作为主要绝缘材料，使用塑料薄膜叠层制作的绝缘覆盖物应尽量采用同一种材料制作。

绝缘隔板和绝缘罩应有足够的绝缘强度和机械强度，35kV 架空线路电压等级使用的绝缘隔板厚度不应小于 4mm。

绝缘遮蔽用具应定期进行预防性试验，试验电压为 40kV，试验时间为 1min，试验周期为 6 个月。

## 4.4.3 绝缘承载工具

绝缘承载工具通常是指用于承载作业人员进入带电作业位置的工具，可分为移动式和固定式两种。移动式绝缘承载工具包括绝缘斗臂车、绝缘升降平台等，固定式绝缘承载工具包括绝缘梯、绝缘平台等。

绝缘斗臂车应定期进行预防性试验，试验合格且在有效期内方可使用。绝缘斗臂车的预防性试验应满足下列要求：

（1）绝缘斗臂车交流耐压试验应符合表 4-1 的规定。

（2）绝缘斗臂车交流泄漏电流试验应符合表 4-2 的规定。

绝缘斗的层间工频耐压试验值为 50kV，耐压时间为 $1min\pm0.5s$，试验中应无击穿、无闪络、无发热。

绝缘斗臂车应定期进行功能性检查，功能性检查是指绝缘斗臂车启动后，在作业斗无人的情况下工作，检查液压缸有无渗漏、异常噪声、工作失灵、漏油、不稳定运动或其他故障。

表 4-1                       35kV 绝缘斗臂车交流耐压试验

| 海拔 $H/\text{m}$ | 试验项目 | 试验长度/m | 预防性试验 | | |
|---|---|---|---|---|---|
| | | | 试验电压/kV | 试验时间/min | 试验周期 |
| $H \leqslant 1000$ | 绝缘臂 | 0.6 | 105 | 1 | 12 个月 |
| | 整车 | 1.5 | 105 | 1 | 12 个月 |
| | 绝缘内斗层向 | — | 45 | 1 | 12 个月 |
| | 绝缘外斗沿面 | 0.4 | 45 | 1 | 12 个月 |

表 4-2                       35kV 绝缘斗臂车交流泄漏电流试验

| 海拔 $H/\text{m}$ | 试验项目 | 试验长度/m | 预防性试验 | | |
|---|---|---|---|---|---|
| | | | 试验电压/kV | 泄漏电流/$\mu$A | 试验周期 |
| $H \leqslant 1000$ | 绝缘臂 | 1.5 | — | — | 12 个月 |
| | 整车 | 1.5 | 70 | $\leqslant 500$ | 12 个月 |
| | 绝缘外斗沿面 | 0.4 | 20 | $\leqslant 200$ | 12 个月 |

绝缘斗臂车整车应每周进行周检查，周检查项目包括外观检查和功能检查。

绝缘斗臂车每周外观检查内容包括真空保护、通风过滤装置的状态、位于转折处的焊缝裂纹、锈蚀或变形、铰轴点的销轴装置、液压油标指示和通风过滤装置的状态。

绝缘斗臂车每周功能检查内容包括检查液压缸的闭锁阀、检查臂、支腿的开关。

35kV 绝缘斗臂车的作业高度范围应在 17~25m，工作斗负载应不低于 280kg，绝缘吊臂负载应不低于 490kg。

绝缘斗臂车在使用前应检查其表面状况，若绝缘臂、绝缘斗表面有明显脏污，可采用清洁毛巾或棉纱擦拭，清洁完毕后应在正常工作环境下置放 15min 以上。

斗臂车操作人员应熟悉带电作业的有关规定，并经专门培训，考试合格、持证上岗。

## 4.5   进绝缘斗准备工作

35kV 配电线路带电作业应使用额定电压不小于 35kV 的工器具。每一种工器具均应通过型式试验，每件工器具应通过出厂试验并定期进行预防性试验，试验合格且在有效期内方可使用。

带电作业用具应存放在专用库房里。

绝缘遮蔽用具和个人绝缘防护用具禁止储藏在人造热源附近，禁止储藏在阳光直射的环境下。

绝缘工具在运输中应防止受潮、淋湿、暴晒、碰撞等，内包装运输袋可采用塑料袋，外包装运输袋可采用帆布袋或专用皮（帆布）箱。

绝缘工具在储存、运输时不准与酸、碱、油类和化学制品接触，并防止阳光直射或淋湿，橡胶绝缘用具应存放在避光的柜内，并撒上滑石粉。

在运输过程中，绝缘工具应装在专用工具袋、工具箱或专用工具车内，以防止受潮和损伤。

作业前应根据作业项目和作业场所的需要，配足绝缘防护用具、遮蔽用具、操作工具和承载工具等，并检查是否完好，工器具应分别装入工具袋中带往现场。

## 4.6　进入带电区域注意事项

### 4.6.1　作业前准备

作业人员应根据地形地貌，将绝缘斗臂车停放在最适于工作的位置，支撑应当稳固可靠，并有防倾覆措施。

支腿应支在硬实路面上，不平整路面应铺垫支腿垫板。避免将支腿置于沟槽边缘、盖板之上。

绝缘斗臂车应良好接地，接地线为多股软铜线，线径大于 $25mm^2$。

车体接地线尽可能设置在永久接地装置上，若无永久接地装置，则采用临时接地方式。临时接地应采用 $\phi190mm$ 钢钎，埋深大于或等于 0.6m。

根据作业环境设置安装围栏、警告标志或路障，防止外人进入工作区域，如在车辆繁忙地段还应与交通管理部门联系，以取得配合。

到达现场后，作业现场应选择不影响作业的干燥、阴凉位置，将作业工器具分别整理摆放在防潮苫布上。

在作业前应检查确认在运输、装卸过程中工具有无螺帽松动，绝缘遮蔽用具、防护用具有无破损，并对绝缘操作工具进行检测。

带电作业工具应绝缘良好，连接牢固，转动灵活，并按厂家使用说明书及现场操作规程正确使用。

带电作业工具使用前应根据工作负荷校核机械强度，并满足规定的安全系数。

腰带、保险带、绳应有足够的机械强度，材质应耐磨，卡环（钩）应具有保险装置，操作应灵活，保险带、绳使用长度在 3m 以上的应加装缓冲器。

带电作业工具使用前，仔细检查确认没有损坏、受潮、变形、失灵，否则禁止使用。并使用 2500V 及以上绝缘电阻表或绝缘检测仪进行分段绝缘检测（电极宽 2cm，极间宽 2cm），阻值应不低于 700MΩ。操作绝缘工具时应戴清洁、干燥的手套。

禁止使用有损坏、受潮、变形或失灵的带电作业装备、工具。

绝缘手套和绝缘靴在使用前压入空气，检查有无针孔缺陷，绝缘袖套、披肩、绝缘服在使用前应检查有无刺孔、划破等缺陷，若有以上缺陷应退出使用。

绝缘斗臂车在使用前应空斗试操作 1 次，确认液压传动回转、升降、伸缩系统工作正常，操作系统制动装置可靠。

采用绝缘斗臂车前，应考虑工作负载及工器具和作业人员的重量，严禁超载。

### 4.6.2  高空作业

作业人员进入绝缘斗之前必须在地面上穿戴妥当绝缘安全帽、绝缘鞋（靴）、绝缘服、绝缘手套及外层防穿刺手套等，并由现场安全监护人员进行检查。

带电作业过程中，禁止摘下绝缘防护用具。

斗内电工携带作业工具和遮蔽用具进入工作斗，工具和遮蔽用具应分类放置在斗中和工具袋中。

作业人员进入工作斗后首先应系好安全带，注意避开周边电信和高低压线路及其他障碍，选定合适的绝缘斗升降回转路径，平稳操作。

高架绝缘斗臂车操作人员应服从工作负责人的指挥，作业时应注意周围环境及操作速度。在工作过程中，高架绝缘斗臂车的发动机不准熄火。接近和离开带电部位时，应由斗内人员操作，但下部操作人员不得离开操作台。

斗内双人带电作业，禁止同时在不同相或不同电位作业。

凡具有上、下绝缘臂而中间用金属连接的绝缘伸缩臂，作业人员在工作过程中不应接触金属体。

在有电部位进行作业时，人体与带电体之间应满足不小于 0.6m 的最小安全距离（不包括人体活动范围）要求。

作业人员应保持对地不少于 0.6m、对邻相导线不少于 0.8m 的安全距离，如不能确保安全距离时，应采用绝缘挡板等绝缘遮蔽措施。

绝缘斗臂车的臂上金属部分在仰起、回转运动中，与带电体间应满足不小于 1.1m 的最小安全距离要求。

带电升起、下落、左右移动导线等作业时，与被跨物间交叉、平行应满足不小于 1.2m 的最小安全距离要求。

绝缘承力工具应满足不小于 0.6m 的最小有效绝缘长度，绝缘操作工具应满足不小于 0.9m 的最小有效绝缘长度。

用于 35kV 等级的绝缘斗臂车，其绝缘臂最大有效绝缘长度应不小于 3m，作业时伸出有效绝缘长度应不小于 1.5m。

绝缘斗臂车各机构应保证工作斗起升、下降时动作平稳、准确，起升、下降速度应不大于 0.4m/s，应无爬行、振颤、冲击、驱动功率异常增大等现象。

作业过程中，绝缘斗臂车工作斗回转时作业斗外缘的线速度均不应大于 0.5m/s。

若需要移动绝缘斗臂车，应将斗臂收回，绝缘斗内不得载人。

当绝缘斗臂车出现发动机故障等情况，导致无法进行正常操作时，可启动应急泵。应急泵只有操作开关处于"接通"时才能工作。应急泵一次动作时间在 30s 内，必须要等待 30s 的间隔才可以进行下一次启动。

夜间进行带电作业应有足够的照明。

### 4.6.3　地面配合

上下传递工具、材料均应使用绝缘绳索，禁止抛、扔。

在从地面向绝缘斗作业人员吊运工具和遮蔽用具时，工具和遮蔽用具应分别装入不同的吊装袋，避免混装。采用绝缘斗臂车的绝缘小吊臂或绝缘滑轮吊放时，吊绳下端应不接触地面，避免受潮或缠绕在其他设施上。

绝缘绳在使用过程中应由地面电工控制余绳，防止绳头触及地面，造成绝缘绳脏污，绝缘电阻值下降。

现场监护人应履行监护职责，不得兼做其他工作，监护时要选择合适位置。

斗内作业人员在接触设备有电部位前应征得现场监护人的许可。

工作负责人应时刻掌握作业的进展情况，密切关注作业人员的动作，根据作业方案的作业步骤及时做出适当的指示。整个作业过程中不得放松危险部位的监护工作。

## 4.7　验　　电

配电线路带电作业验电前，应使用相应电压等级且合格的专用接触式验电器，试验日期在合格期内。

架空配电线路和高压配电设备验电应有人监护。

在 35kV 架空线路设备上验电时，人体与被验电的线路、设备的带电部位应保持 0.6m 的安全距离。使用伸缩式验电器，绝缘棒应拉到位（有效绝缘长度大于 0.9m）。验电时手应握在手柄处，不得超过护环，须戴绝缘手套。

验电前，验电器应先在有电设备上试验，确认验电器良好；无法在有电设备上试验时，可用工频高压发生器等确认验电器良好。

按照正确的验电顺序分别对人体可能触及范围内的绝缘子、横担、电杆等接地部位、设备金属外壳等进行验电，验明确无泄漏电压，并根据现象对设备、装置的作业条件进行判断。

## 4.8  设置绝缘遮蔽用具

在35kV架空线路带电作业时，因安全距离不能满足要求，需要在人体与带电体或接地体之间设置绝缘遮蔽用具，来弥补空气间隙的不足，以保证带电作业人员和设备的安全。绝缘遮蔽用具为辅助绝缘。

采用绝缘杆作业法时，作业过程中有可能引起不同电位设备之间发生短路或接地故障，应设置绝缘遮蔽用具。作业时，作业人员与带电部位保持0.6m的安全距离。采用绝缘杆对设备进行绝缘遮蔽，绝缘杆保持0.9m有效绝缘长度。

采用绝缘手套作业法时，不论作业人员与接地体和相邻带电体的空气间隙是否满足规定的安全距离，作业前均应对人体可能触及范围内的带电体和接地体进行绝缘遮蔽。设置绝缘遮蔽用具时，作业人员对邻相带电部位保持0.8m的最小安全距离，对地保持0.6m的最小安全距离。绝缘斗臂车绝缘臂伸出不少于1.5m的有效长度。

绝缘遮蔽用具之间的接合处应有大于30cm的重合部分，如果重合部分长度无法满足要求，应使用其他遮蔽用具遮蔽接合处，使其重合部分大于30cm以强化此处的绝缘遮蔽。

对带电体设置绝缘遮蔽时，按照从近到远的原则，从离身体最近的带电体依次设置；对上下多回分布的带电导线设置遮蔽用具时，应按照从下到上的原则，从下层导线开始依次向上层设置。

对导线、绝缘子、横担的设置次序是按照从带电体到接地体的原则，先放导线遮蔽罩，再放绝缘子遮蔽罩，然后对横担进行遮蔽。

无论导线是裸导线还是绝缘导线，在作业中均应进行绝缘遮蔽。

对导线可采用绝缘罩进行遮蔽，安装导线遮蔽罩时，套入遮蔽罩的开口应翻向下方，并拉到靠近绝缘子的边缘处。如遮蔽罩有脱落的可能时，应采用绝缘夹或绝缘绳绑扎，以防脱落。

对不规则带电部件和接地构件可采用绝缘毯进行遮蔽，但要注意夹紧固定，两相邻绝缘毯间应有符合安全要求的重叠部分。

不同35kV导线排列方式的绝缘遮蔽应按特定顺序进行。

（1）采用下字型排列的线路，绝缘斗臂车应停靠在有两相导线一侧。遮蔽时，先遮下层线路，再遮上层近侧线路，最后遮上层远侧线路。

（2）采用上字型排列的线路，绝缘斗臂车应停靠在有两相导线一侧。遮蔽时，先遮下层近侧线路，再遮下层远侧线路，最后遮上层线路。

（3）采用垂直排列的单回路线路，绝缘斗臂车应停靠在有导线一侧。遮蔽时，先遮下层线路，再遮中层线路，最后遮上层线路。

（4）采用垂直排列的双回路线路，绝缘斗臂车停靠在其中一侧，对该侧下层、中层、上层线路设置绝缘遮蔽；再对另一侧下层、中层、上层线路设置绝缘遮蔽。不得穿越近侧未遮蔽线路对远侧线路设置遮蔽。

作业时，一相作业完成后，应迅速恢复绝缘遮蔽，然后再对另一相开展作业。

作业位置周围如有拉线和合杆线路等设施，也应使用绝缘挡板、绝缘毯、遮蔽罩等对周边物体进行绝缘遮蔽隔离措施。

## 4.9　更换绝缘子

带电更换直线绝缘子作业主要是处理好带电导线的脱离和恢复问题，其作业方法有两大类，一类为绝缘手套作业法（也称直接作业法），另一类为绝缘杆作业法（也称间接作业法）。

绝缘手套作业法属于直接作业，作业人员穿戴绝缘防护用具，以绝缘斗臂车的绝缘臂（超过 1.5m 的有效绝缘）为主绝缘，以绝缘罩、绝缘毯等绝缘遮蔽措施为辅助绝缘，通过绝缘手套对带电设备进行检修和维护作业。作业中无论作业人员与接地体或邻相的间隙是否满足安全距离要求，均需对人体可能触及范围内的带电体和接地体进行绝缘遮蔽，必要时还要增加绝缘挡板等限位措施。

采用绝缘梯或绝缘平台绝缘手套作业法，其作业方法基本同绝缘斗臂车绝缘手套作业法，主要区别在绝缘隔离、限位措施的选择及安装工艺上。

绝缘杆作业法是指作业人员与带电部分保持 0.6m 的安全距离，用绝缘杆进行作业，绝缘操作杆的有效绝缘长度不小于 0.9m。其中绝缘杆作为主绝缘，绝缘靴、绝缘手套为辅助绝缘，二者组成不同相之间的横向绝缘防护，避免因人体动作幅度过大造成相间短路。

导线的脱离和恢复可采用绝缘斗臂车小吊臂法、羊角抱杆法或吊、支杆法等进行更换，导线升起高度距绝缘子顶部应不小于 0.6m，导线升降过程应缓慢进行，严禁用绝缘斗臂车的工作斗支撑导线。

拆除或绑扎绝缘子绑扎线时，应边拆（绑）边卷，绑扎线的展放长度不得大于 0.1m，绑扎完毕后应剪掉多余部分。

## 4.10　断、接引线

严禁带负荷断、接引线。接引流线前应查明负荷确已切除，所接分支线路绝缘良好无误，相位正确无误，相关线路上无人工作。

在断接引线时，严禁作业人员一手握导线、另一手握引线发生人体串接情况。

在所接线路有电缆、电容器等容性负载时，还需要使用消弧操作杆等消弧工具。

所接引流线应长度适当，与周围接地构件、不同相带电体应有足够的安全距离，连接应牢固可靠。断、接引线时可采用锁杆防止引线摆动。

断开引流线，遵循由下至上、由近至远原则，调整作业位置至引流线搭接处。

遵循"先连通后脱空"的原则，防止人体串入电路，安装好绝缘消弧绳并确认连接牢固后，解开接续线夹，将解开后的引流线分别盘好固定在各自主干线上。

断开引流线前，带电作业人员应离绝缘消弧绳断、接点4m以上，严防弧光伤害。

断开引流线时，应设专人指挥，断、接引线人员应互相配合，动作迅速；一相作业完毕，再按前面操作步骤，拆除其余两相引流线。

搭接引流线时，遵循由下至上、由近至远原则，调整作业位置至引流线搭接处，用扎线线夹固定引流线。一相作业完毕，再按前面操作步骤，搭接其余两相引流线。引流线搭接时，动作要迅速，防止人体串入电路。

## 4.11　拆除绝缘遮蔽用具

采用绝缘杆作业法拆除绝缘遮蔽用具时，作业人员与带电部位保持0.6m的安全距离，绝缘杆保持0.9m有效绝缘长度。

采用绝缘手套作业法拆除绝缘遮蔽用具时，作业人员对邻相带电部位保持0.8m的最小安全距离，对地保持0.6m的最小安全距离。绝缘斗臂车绝缘臂伸出不少于1.5m的有效长度。

按照从远到近的原则，即从离作业人员最远的开始依次向近处拆除。若是拆除上下多回路的绝缘遮蔽用具，应按照从上到下的原则，从上层开始依次向下顺序拆除。

拆除绝缘遮蔽用具应从带电体下方（绝缘杆作业法）或者侧方（绝缘手套作

业法）进行，拆除顺序与设置顺序相反。

对于导线、绝缘子、横担的遮蔽拆除，应按照先接地体后带电体的原则，先拆除横担遮蔽用具（绝缘板、绝缘毯、遮蔽罩），然后拆除绝缘子遮蔽用具，最后拆除导线遮蔽用具。

在拆除绝缘遮蔽用具时应注意不能让被遮蔽体有显著振动，应尽可能轻地拆除。

## 4.12    工作结束及收工会

（1）作业完成后，由工作负责人全面检查工作完成情况，应确保：杆上无遗漏物；装置无缺陷，符合运行条件；施工质量、施工工艺符合要求。

（2）工作负责人组织召开现场收工会，进行工作总结和点评工作：点评本项工作的施工质量；点评作业人员在作业中安全措施和防范措施的落实情况；点评作业人员对规程的执行情况。

（3）工作负责人与工作许可人办理工作终结手续，工作终结报告应简明扼要，主要包括：工作负责人姓名；汇报工作地点（双重名称）和工作内容，设备具备正常运行条件，工作已结束；汇报可以恢复作业线路（双重名称）重合闸装置；终结后，在工作票上填写终结时间、签名和办理工作终结手续。

（4）清理现场，确保"工完料尽场地清"。

# 第5章 35kV架空线路带电作业典型案例

## 5.1 绝 缘 手 套 作 业

绝缘手套作业法是指作业人员借助绝缘承载工具（绝缘斗臂车、绝缘梯、绝缘平台等）与大地保持规定的安全距离，穿戴绝缘防护用具，与周围物体保持绝缘隔离，通过绝缘手套对带电体直接进行作业的方式。采用绝缘手套作业法时，应根据作业方法选用人体绝缘防护用具，使用绝缘安全带、绝缘安全帽，必要时还应戴护目镜。作业人员转移相位工作前，应得到监护人的同意。采用绝缘手套作业法时，无论作业人员与接地体和相邻带电体的空气间隙是否满足规定的安全距离，作业前均需对人体可能触及范围内的带电体和接地体进行绝缘遮蔽。在作业范围窄小、电气设备布置密集处，为保证作业人员对相邻带电体或接地体的有效隔离，在适当位置还应装设绝缘隔板或遮蔽罩等限制作业人员的活动范围。实施绝缘隔离措施时，应按先近后远、先下后上的顺序进行，拆除时顺序相反。装拆绝缘隔离措施时应逐项进行。不应同时拆除带电导线和地电位的绝缘隔离措施。绝缘遮蔽或隔离用具有脱落的可能时，应采用可靠措施进行绑扎。固定作业位置周围若有接地拉线和低压线等设施，不满足安全距离时，也应进行绝缘遮蔽或隔离。绝缘手套作业法中，绝缘承载工具为相地主绝缘，空气间隙为相间主绝缘，绝缘遮蔽用具、绝缘防护用具为辅助绝缘。

### 5.1.1 带电更换耐张串绝缘子

35kV架空输电线路采用绝缘手套作业法带电更换耐张串绝缘子。

#### 1. 作业人员资质要求及分工

本项目作业需要6人。作业人员资质要求见表5-1。作业人员分工见表5-2。

表 5-1　　　　　　　　　　　作业人员资质要求表

| 序号 | 责任人 | 资质 | 人数 |
|------|--------|------|------|
| 1 | 工作负责人（监护人） | 应具有一定的带电作业实际工作经验，熟悉设备状况，具有一定组织能力和事故处理能力，并经工作负责人的专门培训，考试合格。经本单位总工程师批准、书面公布 | 1人 |
| 2 | 斗内电工 | 应通过35kV带电作业专项培训，考试合格并持有35kV带电作业证及上岗证 | 2人 |

| 序号 | 责任人 | 资质 | 人数 |
|---|---|---|---|
| 3 | 地面电工 | 应通过 35kV 带电作业专项培训，考试合格并持有 35kV 输电带电作业证及上岗证 | 3 人 |

表 5-2　　　　　　　　　　作 业 人 员 分 工 表

| 序号 | 作业人员 | 作业内容 |
|---|---|---|
| 1 | 工作负责人 1 名（监护人） | 全面负责带电作业现场的安全工作，指挥并协调现场工作 |
| 2 | 斗内电工 1 名（1 号电工） | 主导更换绝缘子工作 |
| 3 | 斗内电工 1 名（2 号电工） | 负责斗臂车操作，协助 1 号电工更换绝缘子工作 |
| 4 | 地面电工 3 名 | 地面配合斗内电工作业 |

### 2. 工器具和特种车辆配备

工器具和特种车辆配备见表 5-3。

表 5-3　　　　　　　　　工器具和特种车辆配备表

| 序号 | 分类 | 工具名称 | 规格/型号 | 数量 | 备注 |
|---|---|---|---|---|---|
| 1 | 主要作业车辆 | 35kV 绝缘斗臂车 | 17～25m | 1 辆 | 17～25m；用绝缘斗臂车吊臂提升导线（技术参数：吊臂重 490kg；绝缘斗载重 200kg 及以上；宜选用 70kV 绝缘内衬斗） |
| 2 | 绝缘防护用具 | 绝缘手套 | 35kV | 2 副 | |
| | | 防护手套 | | 2 副 | |
| | | 绝缘服 | 35kV | 2 套 | |
| | | 绝缘鞋（靴） | 35kV | 2 双 | 或绝缘套鞋 |
| | | 护目镜 | | 2 副 | |
| | | 绝缘安全带 | | 2 副 | |
| | | 绝缘安全帽 | 10kV | 2 顶 | |
| | | 普通安全帽 | | 4 顶 | |
| 3 | 绝缘遮蔽用具 | 绝缘毯 | 35kV | 2 块 | 安装在绝缘子头部与两侧遮蔽罩重叠 |
| | | 绝缘遮蔽工具 | 35kV | 若干 | |
| | | 绝缘毯夹 | | 8 个 | |
| 4 | 绝缘操作工具 | 绝缘绳 | 35kV（18m） | 1 根 | 斗内电工用吊绳 |
| | | 绝缘操作杆 | 35kV（φ32mm×2m） | 2 根 | 选用 |
| | | 绝缘锁杆 | 35kV | 2 副 | 选用 |
| | | 消弧绳 | 35kV | 1 条 | |
| 5 | 金属工器具 | 翼型卡 | 35kV | 1 套 | |
| | | 弹簧钳 | | 1 把 | |

| 序号 | 分类 | 工具名称 | 规格/型号 | 数量 | 备注 |
|---|---|---|---|---|---|
| 6 | 仪器仪表 | 绝缘电阻表（2500V及以上）或绝缘电阻检测仪 | | 1台 | |
| | | 钳型电流表 | | 1台 | |
| | | 温湿度仪 | | 1块 | |
| | | 风速仪 | | 1块 | |
| | | 验电器 | 35kV | 1支 | |
| 7 | 其他辅助工具 | 对讲机 | | 2个 | |
| | | 防潮垫或毡布 | | 1块 | |
| | | 安全警示带（牌） | | 若干 | 数量根据现场实际情况而确定 |
| | | 工具包 | | 2个 | |
| | | 安全围栏 | | 1套 | 选用 |
| | | 毛巾 | | 2块 | |

## 3. 危险点分析

危险点分析见表5-4。

**表5-4** **危 险 点 分 析 表**

| 序号 | 内容 |
|---|---|
| 1 | 工作监护人违章兼做其他工作或监护不到位，使作业人员失去监护 |
| 2 | 带电作业人员穿戴防护用具不规范，造成触电伤害 |
| 3 | 作业人员未按规定进行绝缘遮蔽或遮蔽不严密，造成触电伤害 |
| 4 | 高空落物，造成人员伤害。斗内作业人员不系安全带，造成高空坠落 |
| 5 | 对地及相间未保持规定的安全距离，造成触电伤害 |
| 6 | 作业人员同时接触不同电位或串入电路，造成触电伤害 |
| 7 | 行车违反交通法规，引发交通事故，造成人员伤害 |

## 4. 作业关键流程

作业关键流程见表5-5。

**表5-5** **作 业 关 键 流 程 表**

| 序号 | 作业关键流程 |
|---|---|
| 1 | 现场复勘 |
| 2 | 办理工作许可手续 |
| 3 | 召开班前会 |
| 4 | 现场作业准备 |
| 5 | 进入作业工位 |
| 6 | 验电及绝缘遮蔽 |

| 序号 | 作业关键流程 |
|---|---|
| 7 | 更换耐张串绝缘子 |
| 8 | 拆除绝缘遮蔽 |
| 9 | 退出带电作业工位 |
| 10 | 工作终结 |

## 5.1.2　带电安装（更换或调整）防振锤

35kV 架空输电线路采用绝缘手套作业法带电安装（更换或调整）防振锤。

### 1. 作业人员资质要求及分工

本项目作业需要 5 人。作业人员资质要求见表 5-6。作业人员分工见表 5-7。

表 5-6　　　　　　　　　　作业人员资质要求表

| 序号 | 责任人 | 资质 | 人数 |
|---|---|---|---|
| 1 | 工作负责人（监护人） | 应具有一定的配电带电作业实际工作经验，熟悉设备状况，具有一定组织能力和事故处理能力，并经工作负责人的专门培训，考试合格。经本单位总工程师批准、书面公布 | 1 人 |
| 2 | 斗内电工 | 应通过 35kV 配电线路带电作业专项培训，考试合格并持有 35kV 输电带电作业证及上岗证 | 2 人 |
| 3 | 地面电工 | 应通过 35kV 配电线路带电作业专项培训，考试合格并持有 35kV 输电带电作业证及上岗证 | 2 人 |

表 5-7　　　　　　　　　　作 业 人 员 分 工 表

| 序号 | 作业人员 | 作业内容 |
|---|---|---|
| 1 | 工作负责人 1 名（监护人） | 全面负责带电作业现场的安全工作，指挥并协调现场工作 |
| 2 | 斗内电工 1 名（1 号电工） | 主导安装（更换或调整）防振锤工作 |
| 3 | 斗内电工 1 名（2 号电工） | 负责斗臂车操作，协助 1 号电工安装（更换或调整）防振锤工作 |
| 4 | 地面电工 2 名 | 地面配合斗内电工作业 |

### 2. 工器具和特种车辆配备

工器具和特种车辆配备见表 5-8。

表 5-8　　　　　　　　　　工器具和特种车辆配备表

| 序号 | 分类 | 工具名称 | 规格/型号 | 数量 | 备注 |
|---|---|---|---|---|---|
| 1 | 承载工具 | 绝缘斗臂车 | 17～25m | 1 辆 | 17～25m（技术参数：吊臂重 490kg；宜选用 70kV 绝缘内衬斗）（选用） |
| | | 绝缘检修架 | 8～15m | 架 | 选用 |

| 序号 | 分类 | 工具名称 | 规格/型号 | 数量 | 备注 |
|---|---|---|---|---|---|
| 2 | 绝缘防护用具 | 绝缘手套 | 35kV | 2副 | |
| | | 防护手套 | | 2副 | |
| | | 绝缘服 | 35kV | 2套 | |
| | | 护目镜 | | 2副 | |
| | | 绝缘安全带 | | 2副 | |
| | | 绝缘安全帽 | 10kV | 2顶 | |
| | | 普通安全帽 | | 3顶 | |
| 3 | 绝缘遮蔽用具 | 绝缘毯 | 35kV | 6块 | 根据作业现场情况定 |
| | | 导线遮蔽罩 | 35kV | 3根 | 根据作业现场情况定 |
| | | 绝缘毯夹 | | 8个 | |
| 4 | 绝缘操作工具 | 绝缘绳 | 35kV (18m) | 1根 | 斗内电工用吊绳 |
| 5 | 金属工器具 | 螺栓紧固工具 | | 2套 | |
| 6 | 仪器仪表 | 绝缘电阻表(2500V及以上)或绝缘电阻检测仪 | | 1台 | |
| | | 钳型电流表 | | 1台 | |
| | | 温湿度仪 | | 1块 | |
| | | 风速仪 | | 1块 | |
| | | 红外测温仪 | | 1台 | |
| 7 | 其他辅助工具 | 对讲机 | | 2个 | |
| | | 防潮垫或毡布 | | 1块 | |
| | | 安全警示带(牌) | | 若干 | 数量根据现场实际情况而确定 |
| | | 工具包 | | 2个 | |
| | | 安全围栏 | | 1套 | 选用 |
| | | 毛巾 | | 2块 | |

### 3. 危险点分析

危险点分析见表5-9。

**表5-9　　　　　　　　危险点分析表**

| 序号 | 内容 |
|---|---|
| 1 | 工作监护人违章兼做其他工作或监护不到位，使作业人员失去监护 |
| 2 | 带电作业人员穿戴防护用具不规范，造成触电伤害 |
| 3 | 作业人员未按规定进行绝缘遮蔽或遮蔽不严密，造成触电伤害 |
| 4 | 高空落物，造成人员伤害。斗内作业人员不系安全带，造成高空坠落 |
| 5 | 对地及相间未保持规定的安全距离，造成触电伤害 |
| 6 | 作业人员同时接触不同电位或串入电路，造成触电伤害 |
| 7 | 行车违反交通法规，引发交通事故，造成人员伤害 |

4. 作业关键流程

作业关键流程见表 5-10。

表 5-10　　　　　　　　　　　作业关键流程表

| 序号 | 作业关键流程 |
| --- | --- |
| 1 | 现场复勘 |
| 2 | 办理工作许可手续 |
| 3 | 召开班前会 |
| 4 | 现场作业准备 |
| 5 | 进入作业工位 |
| 6 | 验电及绝缘遮蔽 |
| 7 | 安装（更换或调整）防振锤 |
| 8 | 拆除绝缘遮蔽 |
| 9 | 退出带电作业工位 |
| 10 | 工作终结 |

## 5.1.3　带电处理接头发热

35kV 架空输电线路采用绝缘手套作业法带电处理接头发热。

1. 作业人员资质要求及分工

本项目作业需要 5 人。作业人员资质要求见表 5-11。作业人员分工见表 5-12。

表 5-11　　　　　　　　　　作业人员资质要求表

| 序号 | 责任人 | 资质 | 人数 |
| --- | --- | --- | --- |
| 1 | 工作负责人（监护人） | 应具有一定的带电作业实际工作经验，熟悉设备状况，具有一定组织能力和事故处理能力，并经工作负责人的专门培训，考试合格。经本单位总工程师批准、书面公布 | 1 人 |
| 2 | 斗内电工 | 应通过 35kV 带电作业专项培训，考试合格并持有 35kV 带电作业证及上岗证 | 2 人 |
| 3 | 地面电工 | 应通过 35kV 带电作业专项培训，考试合格并持有 35kV 带电作业证及上岗证 | 2 人 |

表 5-12　　　　　　　　　　　作业人员分工表

| 序号 | 作业人员 | 作业内容 |
| --- | --- | --- |
| 1 | 工作负责人 1 名（监护人） | 全面负责带电作业现场的安全工作，指挥并协调现场工作 |
| 2 | 斗内电工 1 名（1 号电工） | 主导处理接头发热工作 |
| 3 | 斗内电工 1 名（2 号电工） | 负责斗臂车操作，协助 1 号电工处理接头发热工作 |
| 4 | 地面电工 2 名 | 地面配合斗内电工作业 |

2. 工器具和特种车辆配备

工器具和特种车辆配备见表 5-13。

表 5-13 工器具和特种车辆配备表

| 序号 | 分类 | 工具名称 | 规格/型号 | 数量 | 备注 |
|---|---|---|---|---|---|
| 1 | 承载工具 | 35kV 绝缘斗臂车 | 17～25m | 1辆 | 17～25m（技术参数：吊臂重 490kg；宜选用 70kV 绝缘内衬斗）（选用） |
| | | 绝缘检修架 | 8～15m | 架 | 选用 |
| 2 | 绝缘防护用具 | 绝缘手套 | 35kV | 2副 | |
| | | 防护手套 | | 2副 | |
| | | 绝缘服 | 35kV | 2套 | |
| | | 护目镜 | | 2副 | |
| | | 绝缘安全带 | | 2副 | |
| | | 绝缘安全帽 | 10kV | 2顶 | |
| | | 普通安全帽 | | 3顶 | |
| 3 | 绝缘遮蔽用具 | 绝缘毯 | 35kV | 6块 | 根据作业现场情况定 |
| | | 导线遮蔽罩 | 35kV | 3根 | 根据作业现场情况定 |
| | | 绝缘毯夹 | | 8个 | |
| 4 | 绝缘操作工具 | 绝缘绳 | 35kV（18m） | 1根 | 斗内电工用吊绳 |
| 5 | 金属工器具 | 螺栓紧固工具 | | 2套 | |
| 6 | 仪器仪表 | 绝缘电阻表（2500V 及以上）或绝缘电阻检测仪 | | 1台 | |
| | | 钳型电流表 | | 1台 | |
| | | 温湿度仪 | | 1块 | |
| | | 风速仪 | | 1块 | |
| | | 红外测温仪 | | 1台 | |
| 7 | 其他辅助工具 | 对讲机 | | 2个 | |
| | | 防潮垫或毡布 | | 1块 | |
| | | 安全警示带（牌） | | 若干 | 数量根据现场实际情况而确定 |
| | | 工具包 | | 2个 | |
| | | 安全围栏 | | 1套 | 选用 |
| | | 毛巾 | | 2块 | |

### 3. 危险点分析

危险点分析见表 5-14。

表 5-14 危险点分析表

| 序号 | 内容 |
|---|---|
| 1 | 工作监护人违章兼做其他工作或监护不到位，使作业人员失去监护 |
| 2 | 带电作业人员穿戴防护用具不规范，造成触电伤害 |
| 3 | 作业人员未按规定进行绝缘遮蔽或遮蔽不严密，造成触电伤害 |

| 序号 | 内容 |
|---|---|
| 4 | 高空落物，造成人员伤害。斗内作业人员不系安全带，造成高空坠落 |
| 5 | 对地及相间未保持规定的安全距离，造成触电伤害 |
| 6 | 作业人员同时接触不同电位或串入电路，造成触电伤害 |
| 7 | 行车违反交通法规，引发交通事故，造成人员伤害 |

4. 作业关键流程

作业关键流程见表 5-15。

表 5-15　　　　　　　　　作 业 关 键 流 程 表

| 序号 | 作业关键流程 |
|---|---|
| 1 | 现场复勘 |
| 2 | 办理工作许可手续 |
| 3 | 召开班前会 |
| 4 | 现场作业准备 |
| 5 | 进入作业工位 |
| 6 | 验电及绝缘遮蔽 |
| 7 | 处理接头发热 |
| 8 | 拆除绝缘遮蔽 |
| 9 | 退出带电作业工位 |
| 10 | 工作终结 |

## 5.1.4　带电断、接引流线

35kV 架空输电线路采用绝缘手套作业法带电断、接引流线。

1. 作业人员资质要求及分工

本项目作业需要 6 人。作业人员资质要求见表 5-16。作业人员分工见表 5-17。

表 5-16　　　　　　　　　作 业 人 员 资 质 要 求 表

| 序号 | 责任人 | 资质 | 人数 |
|---|---|---|---|
| 1 | 工作负责人（监护人） | 应具有一定的配电带电作业实际工作经验，熟悉设备状况，具有一定组织能力和事故处理能力，并经工作负责人的专门培训，考试合格。经本单位总工程师批准、书面公布 | 1 人 |
| 2 | 斗内电工 | 应通过 35kV 配电线路带电作业专项培训，考试合格并持有 35kV 输电带电作业证及上岗证 | 2 人 |
| 3 | 地面电工 | 应通过 35kV 配电线路带电作业专项培训，考试合格并持有 35kV 输电带电作业证及上岗证 | 3 人 |

**表 5-17** 　　　　　　　　　　　　作 业 人 员 分 工 表

| 序号 | 作业人员 | 作业内容 |
|---|---|---|
| 1 | 工作负责人1名（监护人） | 全面负责带电作业现场的安全工作，指挥并协调现场工作 |
| 2 | 斗内电工1名（1号电工） | 主导搭接、断引流线工作 |
| 3 | 斗内电工1名（2号电工） | 负责斗臂车操作，协助2号电工搭接、断旁路工作 |
| 4 | 地面电工3名 | 地面配合斗内电工作业 |

### 2. 工器具和特种车辆配备

工器具和特种车辆配备见表 5-18。

**表 5-18** 　　　　　　　　　　　工器具和特种车辆配备表

| 序号 | 分类 | 工具名称 | 规格/型号 | 数量 | 备注 |
|---|---|---|---|---|---|
| 1 | 主要作业车辆 | 35kV 绝缘斗臂车 | 17～25m | 1辆 | 17～25m（技术参数：吊臂重490kg；绝缘斗载重200kg及以上；宜选用70kV绝缘内衬斗） |
| 2 | 绝缘防护用具 | 绝缘手套 | 35kV | 2 副 | |
| | | 防护手套 | | 2 副 | |
| | | 绝缘服 | 35kV | 2 套 | |
| | | 绝缘鞋（靴） | 35kV | 2 双 | 或绝缘套鞋 |
| | | 护目镜 | | 2 副 | |
| | | 绝缘安全带 | | 2 副 | |
| | | 绝缘安全帽 | 10kV | 2 顶 | |
| | | 普通安全帽 | | 4 顶 | |
| 3 | 绝缘遮蔽用具 | 绝缘毯 | 35kV | 2 块 | 安装在绝缘子头部与两侧遮蔽罩重叠 |
| | | 绝缘遮蔽工具 | 35kV | 若干 | |
| | | 绝缘毯夹 | | 8 个 | |
| 4 | 绝缘操作工具 | 绝缘绳 | 35kV（18m） | 1 根 | 斗内电工用吊绳 |
| | | 绝缘操作杆 | 35kV（$\phi$32mm×2m） | 2 根 | 选用 |
| | | 绝缘锁杆（选用） | 35kV | 2 副 | 选用 |
| | | 消弧绳 | 35kV | 1 根 | |
| 5 | 金属工器具 | 消弧滑车（选） | | 1 个 | |
| | | 断线钳 | | 1 把 | |
| | | 导线 | | 1 根 | 视实际情况而定 |
| 6 | 仪器仪表 | 绝缘电阻表（2500V及以上）或绝缘电阻检测仪 | | 1 台 | |
| | | 钳型电流表 | | 1 台 | |

续表

| 序号 | 分类 | 工具名称 | 规格/型号 | 数量 | 备注 |
|---|---|---|---|---|---|
| 6 | 仪器仪表 | 温湿度仪 | | 1 块 | |
| | | 风速仪 | | 1 块 | |
| | | 验电器 | 35kV | 1 支 | |
| 7 | 其他辅助工具 | 对讲机 | | 2 个 | |
| | | 防潮垫或毡布 | | 1 块 | |
| | | 安全警示带（牌） | | 若干 | 数量根据现场实际情况而确定 |
| | | 工具包 | | 2 个 | |
| | | 安全围栏 | | 1 套 | 选用 |
| | | 毛巾 | | 2 块 | |

### 3. 危险点分析

危险点分析见表 5-19。

**表 5-19　危 险 点 分 析 表**

| 序号 | 内容 |
|---|---|
| 1 | 工作监护人违章兼做其他工作或监护不到位，使作业人员失去监护 |
| 2 | 带电作业人员穿戴防护用具不规范，造成触电伤害 |
| 3 | 作业人员未按规定进行绝缘遮蔽或遮蔽不严密，造成触电伤害 |
| 4 | 高空落物，造成人员伤害。斗内作业人员不系安全带，造成高空坠落 |
| 5 | 对地及相间未保持规定的安全距离，造成触电伤害 |
| 6 | 作业人员同时接触不同电位或串入电路，造成触电伤害 |
| 7 | 行车违反交通法规，引发交通事故，造成人员伤害 |
| 8 | 断、接 35kV 空载线路的长度大于 30km，电容电流过大搭接时电弧造成人员伤害或设备损坏 |

### 4. 作业关键流程

作业关键流程见表 5-20。

**表 5-20　作 业 关 键 流 程 表**

| 序号 | 作业关键流程 |
|---|---|
| 1 | 现场复勘 |
| 2 | 办理工作许可手续 |
| 3 | 召开班前会 |
| 4 | 现场作业准备 |
| 5 | 进入作业工位 |
| 6 | 验电及绝缘遮蔽 |
| 7 | 带电断、接引流线 |

| 序号 | 作业关键流程 |
|---|---|
| 8 | 拆除绝缘遮蔽 |
| 9 | 退出带电作业工位 |
| 10 | 工作终结 |

### 5.1.5　带电补装、更换或调整螺栓与销子

35kV架空输电线路采用绝缘手套作业法带电补装、更换或调整螺栓与销子。

#### 1. 作业人员资质要求及分工

本项目作业需要5人。作业人员资质要求见表5-21。作业人员分工见表5-22。

表 5-21　　　　　　　　　作业人员资质要求表

| 序号 | 责任人 | 资质 | 人数 |
|---|---|---|---|
| 1 | 工作负责人（监护人） | 应具有一定的带电作业实际工作经验，熟悉设备状况，具有一定组织能力和事故处理能力，并经工作负责人的专门培训，考试合格。经本单位总工程师批准、书面公布 | 1人 |
| 2 | 斗内电工 | 应通过35kV带电作业专项培训，考试合格并持有35kV带电作业证及上岗证 | 2人 |
| 3 | 地面电工 | 应通过35kV带电作业专项培训，考试合格并持有35kV带电作业证及上岗证 | 2人 |

表 5-22　　　　　　　　　作 业 人 员 分 工 表

| 序号 | 作业人员 | 作业内容 |
|---|---|---|
| 1 | 工作负责人1名（监护人） | 全面负责带电作业现场的安全工作，指挥并协调现场工作 |
| 2 | 斗内电工1名（1号电工） | 主导补装、更换或调整螺栓与销子工作 |
| 3 | 斗内电工1名（2号电工） | 负责斗臂车操作，协助1号电工补装、更换或调整螺栓与销子工作 |
| 4 | 地面电工2名 | 地面配合斗内电工作业 |

#### 2. 工器具和特种车辆配备

工器具和特种车辆配备见表5-23。

表 5-23　　　　　　　　　工器具和特种车辆配备表

| 序号 | 分类 | 工具名称 | 规格/型号 | 数量 | 备注 |
|---|---|---|---|---|---|
| 1 | 主要作业车辆 | 35kV绝缘斗臂车 | 17～25m | 1辆 | 17～25m（技术参数：吊臂重490kg；绝缘斗载重200kg及以上；宜选用45kV绝缘内衬斗） |

| 序号 | 分类 | 工具名称 | 规格/型号 | 数量 | 备注 |
|------|------|----------|-----------|------|------|
| 2 | 绝缘防护用具 | 绝缘手套 | 35kV | 2 副 | |
| | | 防护手套 | | 2 副 | |
| | | 绝缘服 | 35kV | 2 套 | |
| | | 绝缘鞋（靴） | 35kV | 2 双 | 或绝缘套鞋 |
| | | 护目镜 | | 2 副 | |
| | | 绝缘安全带 | | 2 副 | |
| | | 绝缘安全帽 | 10kV | 2 顶 | |
| | | 普通安全帽 | | 4 顶 | |
| 3 | 绝缘遮蔽用具 | 绝缘毯 | 35kV | 2 块 | 安装在绝缘子头部与两侧遮蔽罩重叠 |
| | | 绝缘遮蔽工具 | 35kV | 若干 | |
| | | 绝缘毯夹 | | 8 个 | |
| 4 | 绝缘操作工具 | 绝缘绳 | 35kV（18m） | 1 根 | 斗内电工用吊绳 |
| | | 绝缘操作杆 | 35kV（φ32mm×2m） | 2 根 | 选用 |
| 5 | 金属工器具 | 专用金属工器具 | | 1 套 | |
| 6 | 仪器仪表 | 绝缘电阻表（2500V 及以上）或绝缘电阻检测仪 | | 1 台 | |
| | | 钳型电流表 | | 1 台 | |
| | | 温湿度仪 | | 1 块 | |
| | | 风速仪 | | 1 块 | |
| | | 验电器 | 35kV | 1 支 | |
| 7 | 其他辅助工具 | 对讲机 | | 2 个 | |
| | | 防潮垫或毡布 | | 1 块 | |
| | | 安全警示带（牌） | | 若干 | 数量根据现场实际情况而确定 |
| | | 工具包 | | 2 个 | |
| | | 安全围栏 | | 1 套 | 选用 |
| | | 毛巾 | | 2 块 | |

3. 危险点分析

危险点分析见表 5-24。

表 5-24　　　　　　　危　险　点　分　析　表

| 序号 | 内容 |
|------|------|
| 1 | 工作监护人违章兼做其他工作或监护不到位，使作业人员失去监护 |
| 2 | 带电作业人员穿戴防护用具不规范，造成触电伤害 |

| 序号 | 内容 |
|------|------|
| 3 | 作业人员未按规定进行绝缘遮蔽或遮蔽不严密，造成触电伤害 |
| 4 | 高空落物，造成人员伤害。斗内作业人员不系安全带，造成高空坠落 |
| 5 | 对地及相间未保持规定的安全距离，造成触电伤害 |
| 6 | 作业人员同时接触不同电位或串入电路，造成触电伤害 |
| 7 | 行车违反交通法规，引发交通事故，造成人员伤害 |

**4. 作业关键流程**

作业关键流程见表 5-25。

表 5-25　　　　　　　　　　作业关键流程表

| 序号 | 作业关键流程 |
|------|------|
| 1 | 现场复勘 |
| 2 | 办理工作许可手续 |
| 3 | 召开班前会 |
| 4 | 现场作业准备 |
| 5 | 进入作业工位 |
| 6 | 验电及绝缘遮蔽 |
| 7 | 补装、更换或调整螺栓与销子 |
| 8 | 拆除绝缘遮蔽 |
| 9 | 退出带电作业工位 |
| 10 | 工作终结 |

## 5.1.6　带电清除树障

35kV 架空输电线路采用绝缘手套作业法带电清除树障。

**1. 作业人员资质要求及分工**

本项目作业需要 4 人。作业人员资质要求见表 5-26。作业人员分工见表 5-27。

表 5-26　　　　　　　　　　作业人员资质要求表

| 序号 | 责任人 | 资质 | 人数 |
|------|--------|------|------|
| 1 | 工作负责人（监护人） | 应具有一定的带电作业实际工作经验，熟悉设备状况，具有一定组织能力和事故处理能力，并经工作负责人的专门培训，考试合格。经本单位总工程师批准、书面公布 | 1 人 |
| 2 | 斗内电工 | 应通过 35kV 带电作业专项培训，考试合格并持有 35kV 带电作业证及上岗证 | 2 人 |
| 3 | 地面电工 | 应通过 35kV 带电作业专项培训，考试合格并持有 35kV 带电作业证及上岗证 | 1 人 |

表 5-27　　　　　　　　　　　作 业 人 员 分 工 表

| 序号 | 作业人员 | 作业内容 |
|---|---|---|
| 1 | 工作负责人 1 名（监护人） | 全面负责带电作业现场的安全工作，指挥并协调现场工作 |
| 2 | 斗内电工 1 名（1 号电工） | 负责实施清除异物作业 |
| 3 | 斗内电工 1 名（2 号电工） | 负责斗臂车操作，协助 1 号电工清除异物工作 |
| 4 | 地面电工 1 名 | 地面配合斗内电工作业 |

## 2. 工器具和特种车辆配备

工器具和特种车辆配备见表 5-28。

表 5-28　　　　　　　　　　工器具和特种车辆配备表

| 序号 | 分类 | 工具名称 | 规格/型号 | 数量 | 备注 |
|---|---|---|---|---|---|
| 1 | 主要作业车辆 | 35kV 绝缘斗臂车 | 17～25m | 1 辆 | 17～25m（技术参数：吊臂重 490kg；绝缘斗载重 200kg 及以上；宜选用 40kV 绝缘内衬斗） |
| 2 | 绝缘防护用具 | 绝缘手套 | 35kV | 2 副 | |
| | | 防刺穿手套 | | 2 副 | |
| | | 绝缘服 | 35kV | 2 套 | |
| | | 绝缘鞋（靴） | 35kV | 2 双 | |
| | | 绝缘安全带 | | 2 副 | |
| | | 绝缘安全帽 | 10kV | 2 顶 | |
| | | 普通安全帽 | | 2 顶 | |
| 3 | 绝缘遮蔽用具 | 绝缘毯 | 35kV | 2 块 | 用于遮蔽横担、绝缘子、金具等不规则杆塔构件 |
| | | 导线遮蔽管 | 35kV | 若干 | 异物与导线安全距离不足时，遮蔽导线 |
| | | 绝缘遮蔽工具 | 35kV | 若干 | |
| | | 绝缘毯夹 | | 8 个 | |
| 4 | 绝缘操作工具 | 绝缘绳 | 35kV（18m） | 1 根 | 斗内电工用吊绳 |
| | | 绝缘操作杆 | 35kV（$\phi$32mm×2m） | 2 根 | 选用 |
| | | 绝缘高枝剪 | 35kV | 2 把 | 选用 |
| 5 | 金属工器具 | 砍刀 | | 1 把 | |
| | | 油锯 | | 1 把 | 根据情况选用 |
| 6 | 仪器仪表 | 绝缘电阻表（2500V 及以上）或绝缘电阻检测仪 | | 1 台 | |
| | | 温湿度仪 | | 1 块 | |
| | | 风速仪 | | 1 块 | |
| | | 验电器 | 35kV | 1 支 | |

| 序号 | 分类 | 工具名称 | 规格/型号 | 数量 | 备注 |
|---|---|---|---|---|---|
| 7 | 其他辅助工具 | 对讲机 | | 2个 | |
| | | 防潮垫或毡布 | | 1块 | |
| | | 安全警示带（牌） | | 若干 | 数量根据现场实际情况而确定 |
| | | 工具包 | | 2个 | |
| | | 安全围栏 | | 1套 | 选用 |
| | | 毛巾 | | 2块 | |

### 3. 危险点分析

危险点分析见表5-29。

**表 5-29** 　　　　　　　　**危 险 点 分 析 表**

| 序号 | 内容 |
|---|---|
| 1 | 工作监护人违章兼做其他工作或监护不到位，使作业人员失去监护 |
| 2 | 带电作业人员穿戴防护用具不规范，造成触电伤害 |
| 3 | 作业人员未按规定进行绝缘遮蔽或遮蔽不严密，造成触电伤害 |
| 4 | 高空落物，造成人员伤害。斗内作业人员不系安全带，造成高空坠落 |
| 5 | 对地及相间未保持规定的安全距离，造成触电伤害 |
| 6 | 作业人员同时接触不同电位或串入电路，造成触电伤害 |
| 7 | 行车违反交通法规，引发交通事故，造成人员伤害 |
| 8 | 清除树障与带电体安全距离不足，造成线路单相接地跳闸 |

### 4. 作业关键流程

作业关键流程见表5-30。

**表 5-30** 　　　　　　　　**作 业 关 键 流 程 表**

| 序号 | 作业关键流程 |
|---|---|
| 1 | 现场复勘 |
| 2 | 办理工作许可手续 |
| 3 | 召开班前会 |
| 4 | 现场作业准备 |
| 5 | 进入作业工位 |
| 6 | 验电及绝缘遮蔽 |
| 7 | 带电清除树障 |
| 8 | 拆除绝缘遮蔽 |
| 9 | 退出带电作业工位 |
| 10 | 工作终结 |

#### 5.1.7　带电清除导线异物

35kV 架空输电线路采用绝缘手套作业法带电清除导线异物。

##### 1. 作业人员资质要求及分工

本项目作业需要 5 人。作业人员资质要求见表 5-31。作业人员分工见表 5-32。

表 5-31　　　　　　　　　　作业人员资质要求表

| 序号 | 责任人 | 资质 | 人数 |
|------|--------|------|------|
| 1 | 工作负责人（监护人） | 应具有一定的带电作业实际工作经验，熟悉设备状况，具有一定组织能力和事故处理能力，并经工作负责人的专门培训，考试合格。经本单位总工程师批准、书面公布 | 1 人 |
| 2 | 斗内电工 | 应通过 35kV 带电作业专项培训，考试合格并持有 35kV 带电作业证及上岗证 | 2 人 |
| 3 | 地面电工 | 应通过 35kV 带电作业专项培训，考试合格并持有 35kV 带电作业证及上岗证 | 2 人 |

表 5-32　　　　　　　　　　作 业 人 员 分 工 表

| 序号 | 作业人员 | 作业内容 |
|------|----------|----------|
| 1 | 工作负责人 1 名（监护人） | 全面负责带电作业现场的安全工作，指挥并协调现场工作 |
| 2 | 斗内电工 1 名（1 号电工） | 主导清除导线异物工作 |
| 3 | 斗内电工 1 名（2 号电工） | 负责斗臂车操作，协助 1 号电工清除导线异物工作 |
| 4 | 地面电工 2 名 | 地面配合斗内电工作业 |

##### 2. 工器具和特种车辆配备

工器具和特种车辆配备见表 5-33。

表 5-33　　　　　　　　　　工器具和特种车辆配备表

| 序号 | 分类 | 工具名称 | 规格/型号 | 数量 | 备注 |
|------|------|----------|-----------|------|------|
| 1 | 主要作业车辆 | 35kV 绝缘斗臂车 | 17～25m | 1 辆 | 17～25m（技术参数：吊臂重 490kg；绝缘斗载重 200kg 及以上；宜选用 45kV 绝缘内衬斗） |
| 2 | 绝缘防护用具 | 绝缘手套 | 35kV | 2 副 | |
| | | 防护手套 | | 2 副 | |
| | | 绝缘服 | 35kV | 2 套 | |
| | | 绝缘鞋（靴） | 35kV | 2 双 | 或绝缘套鞋 |
| | | 护目镜 | | 2 副 | |
| | | 绝缘安全带 | | 2 副 | |
| | | 绝缘安全帽 | 10kV | 2 顶 | |
| | | 普通安全帽 | | 4 顶 | |

| 序号 | 分类 | 工具名称 | 规格/型号 | 数量 | 备注 |
|---|---|---|---|---|---|
| 3 | 绝缘遮蔽用具 | 绝缘毯 | 35kV | 若干 | |
| | | 绝缘遮蔽工具 | 35kV | 若干 | |
| | | 绝缘毯夹 | | 若干 | |
| 4 | 绝缘操作工具 | 绝缘绳 | 35kV（18m） | 1根 | 斗内电工用吊绳 |
| | | 绝缘测距杆 | 35kV（$\phi$32mm×2m） | 1根 | 选用 |
| 5 | 仪器仪表 | 绝缘电阻表（2500V 及以上）或绝缘电阻检测仪 | | 1台 | |
| | | 温湿度仪 | | 1块 | |
| | | 风速仪 | | 1块 | |
| | | 验电器 | 35kV | 1支 | |
| 6 | 其他辅助工具 | 对讲机 | | 2个 | |
| | | 防潮垫或毡布 | | 1块 | |
| | | 安全警示带（牌） | | 若干 | 数量根据现场实际情况而确定 |
| | | 工具包 | | 2个 | |
| | | 安全围栏 | | 1套 | 选用 |
| | | 毛巾 | | 2块 | |

### 3. 危险点分析

危险点分析见表 5-34。

表 5-34 危 险 点 分 析 表

| 序号 | 内容 |
|---|---|
| 1 | 工作监护人违章兼做其他工作或监护不到位，使作业人员失去监护 |
| 2 | 带电作业人员穿戴防护用具不规范，造成触电伤害 |
| 3 | 作业人员未按规定进行绝缘遮蔽或遮蔽不严密，造成触电伤害 |
| 4 | 高空落物，造成人员伤害。斗内作业人员不系安全带，造成高空坠落 |
| 5 | 对地及相间未保持规定的安全距离，造成触电伤害 |
| 6 | 作业人员同时接触不同电位或串入电路，造成触电伤害 |
| 7 | 行车违反交通法规，引发交通事故，造成人员伤害 |
| 8 | 斗内电工作业过程中人体与邻相的最小安全距离小于 0.8m，对地最小安全距离小于 0.6m |

### 4. 作业关键流程

作业关键流程见表 5-35。

表 5-35　　　　　　　　　　　作 业 关 键 流 程 表

| 序号 | 作业关键流程 |
|------|------------|
| 1 | 现场复勘 |
| 2 | 办理工作许可手续 |
| 3 | 召开班前会 |
| 4 | 现场作业准备 |
| 5 | 进入作业工位 |
| 6 | 验电及绝缘遮蔽 |
| 7 | 清除导线异物 |
| 8 | 拆除绝缘遮蔽 |
| 9 | 退出带电作业工位 |
| 10 | 工作终结 |

## 5.1.8　带电修补导线

35kV 架空输电线路采用绝缘手套作业法带电修补导线。

### 1. 作业人员资质要求及分工

本项目作业需要 4 人。作业人员资质要求见表 5-36。作业人员分工见表 5-37。

表 5-36　　　　　　　　　　作业人员资质要求表

| 序号 | 责任人 | 资质 | 人数 |
|------|--------|------|------|
| 1 | 工作负责人（监护人） | 应具有一定的带电作业实际工作经验，熟悉设备状况，具有一定组织能力和事故处理能力，并经工作负责人的专门培训，考试合格。经本单位总工程师批准、书面公布 | 1 人 |
| 2 | 斗内电工 | 应通过 35kV 带电作业专项培训，考试合格并持有 35kV 带电作业证及上岗证 | 2 人 |
| 3 | 地面电工 | 应通过 35kV 带电作业专项培训，考试合格并持有 35kV 带电作业证及上岗证 | 1 人 |

表 5-37　　　　　　　　　　作 业 人 员 分 工 表

| 序号 | 作业人员 | 作业内容 |
|------|----------|----------|
| 1 | 工作负责人 1 名（监护人） | 全面负责带电作业现场的安全工作，指挥并协调现场工作 |
| 2 | 斗内电工 1 名（1 号电工） | 主导修补导线工作 |
| 3 | 斗内电工 1 名（2 号电工） | 负责斗臂车操作，协助 1 号电工修补导线工作 |
| 4 | 地面电工 1 名 | 地面配合斗内电工作业 |

### 2. 工器具和特种车辆配备

工器具和特种车辆配备见表 5-38。

表 5-38 工器具和特种车辆配备表

| 序号 | 分类 | 工具名称 | 规格/型号 | 数量 | 备注 |
|---|---|---|---|---|---|
| 1 | 主要作业车辆 | 35kV 绝缘斗臂车 | 17～25m | 1 辆 | 17～25m（技术参数：绝缘斗载重 200kg 及以上；宜选用 70kV 绝缘内衬斗） |
| 2 | 绝缘防护用具 | 绝缘手套 | 35kV | 2 副 | |
| | | 防护手套 | | 2 副 | |
| | | 绝缘服 | 35kV | 2 套 | |
| | | 绝缘鞋（靴） | 35kV | 2 双 | 或绝缘套鞋 |
| | | 护目镜 | | 2 副 | |
| | | 绝缘安全带 | | 2 副 | |
| | | 绝缘安全帽 | 10kV | 2 顶 | |
| | | 普通安全帽 | | 4 顶 | |
| 3 | 绝缘遮蔽用具 | 绝缘毯 | 35kV | 若干 | |
| | | 绝缘遮蔽工具 | 35kV | 若干 | |
| | | 绝缘毯夹 | | 若干 | |
| 4 | 绝缘操作工具 | 绝缘绳 | 35kV（18m） | 1 根 | 斗内电工用吊绳 |
| | | 绝缘测距杆 | 35kV（φ32mm×2m） | 1 根 | 选用 |
| 5 | 金属工器具 | 预绞丝补修条 | 35kV | 若干 | |
| | | 绑扎线 | | 若干 | |
| 6 | 仪器仪表 | 绝缘电阻表（2500V 及以上）或绝缘电阻检测仪 | | 1 台 | |
| | | 温湿度仪 | | 1 块 | |
| | | 风速仪 | | 1 块 | |
| | | 验电器 | 35kV | 1 支 | |
| 7 | 其他辅助工具 | 对讲机 | | 2 个 | |
| | | 防潮垫或毡布 | | 1 块 | |
| | | 安全警示带（牌） | | 若干 | 数量根据现场实际情况而确定 |
| | | 工具包 | | 2 个 | |
| | | 安全围栏 | | 1 套 | 选用 |
| | | 毛巾 | | 2 块 | |

### 3. 危险点分析

危险点分析见表 5-39。

### 4. 作业关键流程

作业关键流程见表 5-40。

表 5-39　　　　　　　　　　危 险 点 分 析 表

| 序号 | 内容 |
|---|---|
| 1 | 工作监护人违章兼做其他工作或监护不到位，使作业人员失去监护 |
| 2 | 带电作业人员穿戴防护用具不规范，造成触电伤害 |
| 3 | 作业人员未按规定进行绝缘遮蔽或遮蔽不严密，造成触电伤害 |
| 4 | 高空落物，造成人员伤害。斗内作业人员不系安全带，造成高空坠落 |
| 5 | 对地及相间未保持规定的安全距离，造成触电伤害 |
| 6 | 作业人员同时接触不同电位或串入电路，造成触电伤害 |
| 7 | 行车违反交通法规，引发交通事故，造成人员伤害 |
| 8 | 斗内电工作业过程中人体和预绞丝与邻相的最小安全距离小于 0.8m，对地最小安全距离小于 0.6m |

表 5-40　　　　　　　　　　作 业 关 键 流 程 表

| 序号 | 作业关键流程 |
|---|---|
| 1 | 现场复勘 |
| 2 | 办理工作许可手续 |
| 3 | 召开班前会 |
| 4 | 现场作业准备 |
| 5 | 进入作业工位 |
| 6 | 验电及绝缘遮蔽 |
| 7 | 修补导线 |
| 8 | 拆除绝缘遮蔽 |
| 9 | 退出带电作业工位 |
| 10 | 工作终结 |

## 5.2　绝 缘 杆 作 业

绝缘杆作业法是指作业人员与带电体保持规定的安全距离，戴绝缘手套和穿绝缘靴，通过利用绝缘工具作业的方式，在作业范围窄小或线路多回架设，作业人员身体各部位有可能触及不同电位的电力设备时，或者作业人员与带电体的距离能满足规定的安全距离时，作业人员应穿戴全套绝缘防护用具，绝缘遮蔽带电体。绝缘杆作业法既可在登杆作业中采用，也可在斗臂车的工作斗或其他绝缘平台上采用。绝缘杆作业法中，绝缘杆为相地之间主绝缘，绝缘鞋防护用具为辅助绝缘。

### 5.2.1　带电断、接引流线

35kV 架空输电线路采用绝缘杆作业法带电断、接引流线。

## 35kV架空线路带电作业指导及典型案例

### 1. 作业人员资质要求及分工

本项目作业需要5人。作业人员资质要求见表5-41。作业人员分工见表5-42。

表5-41　　　　　　　　　　　　作业人员资质要求表

| 序号 | 责任人 | 资质 | 人数 |
|---|---|---|---|
| 1 | 工作负责人（监护人） | 应具有一定的带电作业实际工作经验，熟悉设备状况，具有一定组织能力和事故处理能力，并经工作负责人的专门培训，考试合格。经本单位总工程师批准、书面公布 | 1人 |
| 2 | 斗内电工 | 应通过35kV带电作业专项培训，考试合格并持有35kV带电作业证及上岗证 | 2人 |
| 3 | 地面电工 | 应通过35kV带电作业专项培训，考试合格并持有35kV带电作业证及上岗证 | 2人 |

表5-42　　　　　　　　　　　　作业人员分工表

| 序号 | 作业人员 | 作业内容 |
|---|---|---|
| 1 | 工作负责人1名（监护人） | 全面负责带电作业现场的安全工作，指挥并协调现场工作 |
| 2 | 斗内电工1名（1号电工） | 主导搭接、断引流线工作 |
| 3 | 斗内电工1名（2号电工） | 负责斗臂车操作，协助2号电工搭接、断引流线工作 |
| 4 | 地面电工2名 | 地面配合斗内电工作业 |

### 2. 工器具和特种车辆配备

工器具和特种车辆配备见表5-43。

表5-43　　　　　　　　　　　　工器具和特种车辆配备表

| 序号 | 分类 | 工具名称 | 规格/型号 | 数量 | 备注 |
|---|---|---|---|---|---|
| 1 | 主要作业车辆 | 35kV绝缘斗臂车 | 17～25m | 1辆 | 17～25m（技术参数：吊臂重490kg；绝缘斗载重200kg及以上；宜选用70kV绝缘内衬斗） |
| 2 | 绝缘防护用具 | 绝缘手套 | 35kV | 2副 | |
| | | 防护手套 | | 2副 | |
| | | 绝缘服 | 35kV | 2套 | 包括绝缘服 |
| | | 绝缘鞋（靴） | 35kV | 2双 | 或绝缘套鞋 |
| | | 护目镜 | | 2副 | |
| | | 绝缘安全带 | | 2副 | |
| | | 绝缘安全帽 | 10kV | 2顶 | |
| | | 普通安全帽 | | 2顶 | |
| 3 | 绝缘遮蔽用具 | 绝缘子遮蔽罩（硬质） | 35kV | 4只 | 安装在耐张绝缘子上 |
| | | 导线遮蔽罩（硬质） | 35kV | 2根 | |

续表

| 序号 | 分类 | 工具名称 | 规格/型号 | 数量 | 备注 |
|------|------|---------|-----------|------|------|
| 4 | 绝缘操作工具 | 绝缘绳 | 35kV（18m） | 1根 | 斗内电工用吊绳 |
| | | 绝缘操作杆（叉杆） | 35kV（$\phi$32mm×2m） | 1根 | 安装绝缘罩用 |
| | | 绝缘操作杆（钢丝刷头） | 35kV（$\phi$32mm×2m） | 1根 | 清除氧化层用 |
| | | 绝缘操作杆（套筒） | 35kV（$\phi$32mm×2m） | 1根 | 紧固线夹用 |
| | | 绝缘操作杆（单头锁杆） | 35kV（$\phi$32mm×2m） | 1根 | 锁紧引流线用 |
| | | 绝缘操作杆（线夹安装器） | 35kV（$\phi$32mm×2m） | 1根 | 安装线夹用 |
| | | 绝缘操作杆（断线剪） | 35kV（$\phi$32mm×2m） | 1根 | 开断引流线用 |
| | | 消弧绳 | 35kV | 1条 | |
| 5 | 金属工器具 | 消弧滑车（选用） | | 1个 | |
| | | 断线钳 | | 1把 | 地面制作引流线（选用） |
| | | 导线 | | 1段 | 视实际情况而定 |
| 6 | 仪器仪表 | 绝缘电阻表（2500V 及以上）或绝缘电阻检测仪 | | 1台 | |
| | | 钳型电流表 | | 1台 | |
| | | 温湿度仪 | | 1块 | |
| | | 风速仪 | | 1块 | |
| | | 验电器 | 35kV | 1支 | |
| 7 | 其他辅助工具 | 对讲机 | | 2个 | |
| | | 防潮垫或毡布 | | 1块 | |
| | | 安全警示带（牌） | | 若干 | 数量根据现场实际情况而确定 |
| | | 工具包 | | 2个 | |
| | | 安全围栏 | | 1套 | 选用 |
| | | 毛巾 | | 2块 | |

3. 危险点分析

危险点分析见表 5-44。

4. 作业关键流程

作业关键流程见表 5-45。

表 5-44                                   危险点分析表

| 序号 | 内容 |
|------|------|
| 1 | 工作监护人违章兼做其他工作或监护不到位，使作业人员失去监护 |
| 2 | 带电作业人员穿戴防护用具不规范，造成触电伤害 |
| 3 | 作业人员未按规定进行绝缘遮蔽或遮蔽不严密，造成触电伤害 |
| 4 | 高空落物，造成人员伤害。斗内作业人员不系安全带，造成高空坠落 |
| 5 | 对地及相间未保持规定的安全距离，造成触电伤害 |
| 6 | 作业人员同时接触不同电位或串入电路，造成触电伤害 |
| 7 | 行车违反交通法规，引发交通事故，造成人员伤害 |
| 8 | 断、接 35kV 空载线路的长度大于 30km，电容电流过大搭接时电弧造成人员伤害或设备损坏 |

表 5-45                                   作业关键流程表

| 序号 | 作业关键流程 |
|------|--------------|
| 1 | 现场复勘 |
| 2 | 办理工作许可手续 |
| 3 | 召开班前会 |
| 4 | 现场作业准备 |
| 5 | 进入作业工位 |
| 6 | 验电及绝缘遮蔽 |
| 7 | 断、接引流线 |
| 8 | 拆除绝缘遮蔽 |
| 9 | 退出带电作业工位 |
| 10 | 工作终结 |

## 5.2.2  带电处理接头发热

35kV 架空输电线路采用绝缘杆作业法带电处理接头发热。

### 1. 作业人员资质要求及分工

本项目作业需要 4 人。作业人员资质要求见表 5-46。作业人员分工见表 5-47。

表 5-46                                   作业人员资质要求表

| 序号 | 责任人 | 资质 | 人数 |
|------|--------|------|------|
| 1 | 工作负责人（监护人） | 应具有一定的带电作业实际工作经验，熟悉设备状况，具有一定组织能力和事故处理能力，并经工作负责人的专门培训，考试合格。经本单位总工程师批准、书面公布 | 1 人 |
| 2 | 斗内电工 | 应通过 35kV 带电作业专项培训，考试合格并持有 35kV 带电作业证及上岗证 | 2 人 |

续表

| 序号 | 责任人 | 资质 | 人数 |
|---|---|---|---|
| 3 | 地面电工 | 应通过 35kV 带电作业专项培训，考试合格并持有 35kV 带电作业证及上岗证 | 1 人 |

表 5-47　　　　　　　　　作 业 人 员 分 工 表

| 序号 | 作业人员 | 作业内容 |
|---|---|---|
| 1 | 工作负责人 1 名（监护人） | 全面负责带电作业现场的安全工作，指挥并协调现场工作 |
| 2 | 斗内电工 1 名（1 号电工） | 主导处理接头发热工作 |
| 3 | 斗内电工 1 名（2 号电工） | 负责斗臂车操作，协助 1 号电工处理接头发热工作 |
| 4 | 地面电工 1 名 | 地面配合斗内电工作业 |

## 2. 工器具和特种车辆配备

工器具和特种车辆配备见表 5-48。

表 5-48　　　　　　　　工器具和特种车辆配备表

| 序号 | 分类 | 工具名称 | 规格/型号 | 数量 | 备注 |
|---|---|---|---|---|---|
| 1 | 承载工具 | 35kV 绝缘斗臂车 | 17～25m | 1 辆 | 17～25m（技术参数：吊臂重 490kg；宜选用 70kV 绝缘内衬斗）（选用） |
| | | 绝缘检修架 | 8～15m | 套 | （选用） |
| | | 脚扣 | | 2 副 | （选用） |
| 2 | 绝缘防护用具 | 绝缘手套 | 35kV | 2 副 | |
| | | 防护手套 | | 2 副 | |
| | | 绝缘服 | 35kV | 2 套 | |
| | | 护目镜 | | 2 副 | |
| | | 绝缘安全带 | | 2 副 | （选用） |
| | | 绝缘安全帽 | 10kV | 2 顶 | |
| | | 普通安全帽 | | 2 顶 | |
| 3 | 绝缘遮蔽用具 | 绝缘子遮蔽罩（硬质） | 35kV | 4 只 | 安装在耐张绝缘子上 |
| | | 导线遮蔽罩（硬质） | 35kV | 2 根 | |
| 4 | 绝缘操作工具 | 绝缘绳 | 35kV（18m） | 1 根 | |
| | | 绝缘操作杆（叉杆） | 35kV（$\phi32mm\times2m$） | 1 根 | 安装绝缘罩用 |
| | | 绝缘操作杆（钢丝刷头） | 35kV（$\phi32mm\times2m$） | 1 根 | 清除氧化层用 |
| | | 绝缘操作杆（套筒） | 35kV（$\phi32mm\times2m$） | 1 根 | 紧固线夹用 |

续表

| 序号 | 分类 | 工具名称 | 规格/型号 | 数量 | 备注 |
|---|---|---|---|---|---|
| 4 | 绝缘操作工具 | 绝缘操作杆（单头锁杆） | 35kV（$\phi32\text{mm}\times2\text{m}$） | 1根 | 锁紧引流线用 |
| | | 绝缘操作杆（线夹安装器） | 35kV（$\phi32\text{mm}\times2\text{m}$） | 1根 | 安装线夹用 |
| | | 绝缘操作杆（断线剪） | 35kV（$\phi32\text{mm}\times2\text{m}$） | 1根 | 开断引流线用 |
| | | 绝缘引流线及附件（快速接头） | 35kV（$120\text{mm}^2\times5\text{m}$） | 1套 | 临时分流用 |
| 5 | 金属工器具 | 螺栓紧固工具 | | 2套 | |
| 6 | 仪器仪表 | 绝缘电阻表（2500V及以上）或绝缘电阻检测仪 | | 1台 | |
| | | 钳型电流表 | | 1台 | |
| | | 温湿度仪 | | 1块 | |
| | | 风速仪 | | 1块 | |
| | | 红外测温仪 | | 1台 | |
| 7 | 其他辅助工具 | 对讲机 | | 2个 | |
| | | 防潮垫或毡布 | | 1块 | |
| | | 安全警示带（牌） | | 若干 | 数量根据现场实际情况而确定 |
| | | 工具包 | | 2个 | |
| | | 安全围栏 | | 1套 | 选用 |
| | | 毛巾 | | 2块 | |

### 3. 危险点分析

危险点分析见表5-49。

表5-49　　　　　危 险 点 分 析 表

| 序号 | 内容 |
|---|---|
| 1 | 工作监护人违章兼做其他工作或监护不到位，使作业人员失去监护 |
| 2 | 带电作业人员穿戴防护用具不规范，造成触电伤害 |
| 3 | 作业人员未按规定进行绝缘遮蔽或遮蔽不严密，造成触电伤害 |
| 4 | 高空落物，造成人员伤害。斗内作业人员不系安全带，造成高空坠落 |
| 5 | 对地及相间未保持规定的安全距离，造成触电伤害 |
| 6 | 作业人员同时接触不同电位或串入电路，造成触电伤害 |
| 7 | 行车违反交通法规，引发交通事故，造成人员伤害 |
| 8 | 登杆（塔）过程不使用防坠落保护，杆（塔）上作业少于2重防坠落保护，造成高处跌落 |
| 9 | 处理发热接头时接头处突然断裂，造成电弧灼伤 |

#### 4. 作业关键流程

作业关键流程见表 5-50。

表 5-50　　　　　　　　作 业 关 键 流 程 表

| 序号 | 作业关键流程 |
|------|------|
| 1 | 现场复勘 |
| 2 | 办理工作许可手续 |
| 3 | 召开班前会 |
| 4 | 现场作业准备 |
| 5 | 进入作业工位 |
| 6 | 验电及绝缘遮蔽 |
| 7 | 处理接头发热 |
| 8 | 拆除绝缘遮蔽 |
| 9 | 退出带电作业工位 |
| 10 | 工作终结 |

### 5.2.3　带电更换耐张绝缘子

35kV 架空输电线路采用绝缘杆作业法带电更换耐张绝缘子。

#### 1. 作业人员资质要求及分工

本项目作业需要 5 人。作业人员资质要求见表 5-51。作业人员分工见表 5-52。

表 5-51　　　　　　　　作 业 人 员 资 质 要 求 表

| 序号 | 责任人 | 资质 | 人数 |
|------|------|------|------|
| 1 | 工作负责人（监护人） | 应具有一定的带电作业实际工作经验，熟悉设备状况，具有一定组织能力和事故处理能力，并经工作负责人的专门培训，考试合格。经本单位总工程师批准、书面公布 | 1 人 |
| 2 | 地电位电工 | 应通过 35kV 带电作业专项培训，考试合格并持有 35kV 带电作业证及上岗证 | 2 人 |
| 3 | 地面电工 | 应通过 35kV 带电作业专项培训，考试合格并持有 35kV 带电作业证及上岗证 | 2 人 |

表 5-52　　　　　　　　作 业 人 员 分 工 表

| 序号 | 作业人员 | 作业内容 |
|------|------|------|
| 1 | 工作负责人 1 名（监护人） | 全面负责带电作业现场的安全工作，指挥并协调现场工作 |
| 2 | 杆（塔）上电工 1 名（1 号电工） | 主导更换耐张绝缘子工作 |
| 3 | 杆（塔）上电工 1 名（2 号电工） | 协助 1 号电工更换耐张绝缘子工作 |
| 4 | 地面电工 2 名 | 地面配合地电位电工作业 |

### 2. 工器具和特种车辆配备

工器具和特种车辆配备见表 5-53。

表 5-53　　　　　　　　　工器具和特种车辆配备表

| 序号 | 分类 | 工具名称 | 规格/型号 | 数量 | 备注 |
|---|---|---|---|---|---|
| 1 | 个人防护用具 | 屏蔽服 | I 型 | 1 套 | |
| | | 护目镜 | | 2 副 | |
| | | 安全带 | | 2 副 | |
| | | 安全帽 | | 5 顶 | |
| | | 绝缘手套 | | 1 双 | |
| 2 | 绝缘操作工具 | 绝缘绳 | 35kV（$\phi$16mm×60m） | 1 根 | |
| | | 绝缘拉板 | | 1 副 | |
| | | 绝缘滑车 | 0.5T | 1 个 | |
| | | 绝缘托瓶架 | 35kV | 1 副 | |
| | | 绝缘绳套 | $\phi$10mm×0.8m | 1 个 | |
| | | 绝缘操作杆 | 35kV | 2 根 | |
| 3 | 金属工器具 | 翼型卡 | 35kV | 1 套 | 更换单串绝缘子时选用 |
| | | 弯板卡 | 35kV | 1 套 | 更换双串绝缘子时选用 |
| | | 操作杆用取销钳 | | 1 把 | |
| | | 普通取销钳 | | 1 把 | |
| 4 | 仪器仪表 | 绝缘电阻表（2500V 及以上）或绝缘电阻检测仪 | | 1 台 | |
| | | 温湿度仪 | | 1 块 | |
| | | 风速仪 | | 1 块 | |
| 5 | 其他辅助工具 | 对讲机 | | 2 个 | |
| | | 防潮垫或毡布 | | 1 块 | |
| | | 安全警示带（牌） | | 若干 | 数量根据现场实际情况而确定 |
| | | 工具包 | | 2 个 | |
| | | 安全围栏 | | 1 套 | 选用 |
| | | 毛巾 | | 2 块 | |

### 3. 危险点分析

危险点分析见表 5-54。

### 4. 作业关键流程

作业关键流程见表 5-55。

表 5-54　　　　　　　　　　　　危 险 点 分 析 表

| 序号 | 内容 |
|---|---|
| 1 | 工作负责人违章兼做其他工作或监护不到位，使作业人员失去监护 |
| 2 | 带电作业人员穿戴个人防护用具不规范，造成触电伤害 |
| 3 | 作业人员未按规定进行零值绝缘子检测，造成触电伤害 |
| 4 | 高空落物，造成人员伤害；塔上电工不正确使用安全带，造成高空坠落 |
| 5 | 对带电体及相间未保持规定的安全距离，造成触电伤害 |
| 6 | 作业人员更换绝缘子过程中短接绝缘子超过规定片数，造成触电伤害 |
| 7 | 行车违反交通法规，引发交通事故，造成人员伤害 |
| 8 | 杆（塔）上电工更换耐张绝缘子时与带电体的距离小于 0.6m，对邻相导线的距离应小于 0.8m |

表 5-55　　　　　　　　　　　　作 业 关 键 流 程 表

| 序号 | 作业关键流程 |
|---|---|
| 1 | 现场复勘 |
| 2 | 办理工作许可手续 |
| 3 | 召开班前会 |
| 4 | 现场作业准备 |
| 5 | 进入作业工位 |
| 6 | 验电及绝缘遮蔽 |
| 7 | 更换耐张串绝缘子 |
| 8 | 拆除绝缘遮蔽 |
| 9 | 退出带电作业工位 |
| 10 | 工作终结 |

### 5.2.4　带电更换悬垂式绝缘子

35kV 架空输电线路采用绝缘杆作业法带电更换悬垂式绝缘子。

1. 作业人员资质要求及分工

本项目作业需要 5 人。作业人员资质要求见表 5-56。作业人员分工见表 5-57。

表 5-56　　　　　　　　　　　　作业人员资质要求表

| 序号 | 责任人 | 资质 | 人数 |
|---|---|---|---|
| 1 | 工作负责人（监护人） | 应具有一定的带电作业实际工作经验，熟悉设备状况，具有一定组织能力和事故处理能力，并经工作负责人的专门培训，考试合格。经本单位总工程师批准、书面公布 | 1 人 |
| 2 | 杆（塔）上电工 | 应通过 35kV 带电作业专项培训，考试合格并持有 35kV 带电作业证及上岗证 | 2 人 |
| 3 | 地面电工 | 应通过 35kV 带电作业专项培训，考试合格并持有 35kV 带电作业证及上岗证 | 2 人 |

表 5-57                                    作 业 人 员 分 工 表

| 序号 | 作业人员 | 作业内容 |
|---|---|---|
| 1 | 工作负责人1名（监护人） | 全面负责带电作业现场的安全工作，指挥并协调现场工作 |
| 2 | 杆（塔）上电工1名（1号电工） | 主导更换悬垂式绝缘子工作 |
| 3 | 杆（塔）上电工1名（2号电工） | 协助1号电工更换悬垂式绝缘子工作 |
| 4 | 地面电工2名 | 配合塔上电工作业 |

### 2. 工器具和特种车辆配备

工器具和特种车辆配备见表 5-58。

表 5-58                          工器具和特种车辆配备表

| 序号 | 分类 | 工具名称 | 规格/型号 | 数量 | 备注 |
|---|---|---|---|---|---|
| 1 | 绝缘防护用具 | 绝缘手套 | 35kV | 2 副 | 选用 |
| | | 防护手套 | | 2 副 | 选用 |
| | | 绝缘服 | 35kV | 2 套 | 选用 |
| | | 绝缘鞋（靴） | 35kV | 2 双 | 或绝缘套鞋 |
| | | 护目镜 | | 2 副 | |
| | | 绝缘安全帽 | 10kV | 2 顶 | |
| | | 普通安全帽 | | 4 顶 | |
| 2 | 绝缘遮蔽用具 | 绝缘毯 | 35kV | 2 块 | 选用 |
| | | 绝缘遮蔽工具 | 35kV | 若干 | 选用 |
| | | 绝缘毯夹 | | 8 个 | 选用 |
| 3 | 绝缘操作工具 | 绝缘吊绳 | 35kV | 1～2 条 | 根据实际现场情况选择数量 |
| | | 绝缘滑车组绳 | 35kV | 1 条 | 选用绝缘滑车组法更换绝缘子时选此工具 |
| | | 绝缘导线后备保护绳 | 35kV | 1 条 | |
| | | 绝缘拉板 | 35kV | 1～2 块 | 选用卡具法更换绝缘子时选此工具 |
| | | 绝缘操作杆 | 35kV（$\phi$32mm×2m） | 2 根 | |
| | | 绝缘滑车组 | 35kV | 1 组 | 1组滑车组为两个两穿滑车或三穿滑车配合使用（选用绝缘滑车组法更换绝缘子时选此工具） |
| 4 | 金属工器具 | 直线横担卡 | 35kV | 1 套 | 选用卡具法更换绝缘子时选此工具 |
| | | 操作杆用取销钳 | | 1 把 | |
| | | 六用器 | | 1 个 | |
| | | 普通取销钳 | | 1 把 | |

| 序号 | 分类 | 工具名称 | 规格/型号 | 数量 | 备注 |
|---|---|---|---|---|---|
| 5 | 仪器仪表 | 绝缘电阻表（2500V 及以上）或绝缘电阻检测仪 | | 1 台 | |
| | | 温湿度仪 | | 1 块 | |
| | | 风速仪 | | 1 块 | |
| 6 | 其他辅助工具 | 对讲机 | | 2 个 | |
| | | 防潮垫或毡布 | | 1 块 | |
| | | 安全警示带（牌） | | 若干 | 数量根据现场实际情况而确定 |
| | | 工具包 | | 2 个 | |
| | | 安全围栏 | | 1 套 | 选用 |
| | | 毛巾 | | 2 块 | |

### 3. 危险点分析

危险点分析见表 5-59。

**表 5-59　　　危 险 点 分 析 表**

| 序号 | 内容 |
|---|---|
| 1 | 工作负责人违章兼做其他工作或监护不到位，使作业人员失去监护 |
| 2 | 带电作业人员穿戴防护用具不规范，造成触电伤害 |
| 3 | 作业人员未按规定进行零值绝缘子检测，造成触电伤害 |
| 4 | 高空落物，造成人员伤害；塔上电工不正确使用安全带，造成高空坠落 |
| 5 | 对带电体及相间未保持规定的安全距离，造成触电伤害 |
| 6 | 作业人员更换绝缘子过程中短接绝缘子超过规定片数，造成触电伤害 |
| 7 | 行车违反交通法规，引发交通事故，造成人员伤害 |
| 8 | 杆（塔）上电工更换悬垂式绝缘子时与带电体的距离小于 0.6m，对邻相导线的距离应小于 0.8m |

### 4. 作业关键流程

作业关键流程见表 5-60。

**表 5-60　　　作 业 关 键 流 程 表**

| 序号 | 作业关键流程 |
|---|---|
| 1 | 现场复勘 |
| 2 | 办理工作许可手续 |
| 3 | 召开班前会 |
| 4 | 现场作业准备 |
| 5 | 进入作业工位 |

| 序号 | 作业关键流程 |
|---|---|
| 6 | 验电及绝缘遮蔽 |
| 7 | 更换悬垂式绝缘子 |
| 8 | 拆除绝缘遮蔽 |
| 9 | 退出带电作业工位 |
| 10 | 工作终结 |

### 5.2.5　带电补装、更换或调整螺栓与销子

35kV 架空输电线路采用绝缘杆作业法带电补装、更换或调整螺栓与销子。

#### 1. 作业人员资质要求及分工

本项目作业需要 4 人。作业人员资质要求见表 5-61。作业人员分工见表 5-62。

表 5-61　　　　　　　　　　作业人员资质要求表

| 序号 | 责任人 | 资质 | 人数 |
|---|---|---|---|
| 1 | 工作负责人（监护人） | 应具有一定的带电作业实际工作经验，熟悉设备状况，具有一定组织能力和事故处理能力，并经工作负责人的专门培训，考试合格。经本单位总工程师批准、书面公布 | 1 人 |
| 2 | 塔上电工 | 应通过 35kV 带电作业专项培训，考试合格并持有 35kV 带电作业证及上岗证 | 1 人 |
| 3 | 地面电工 | 应通过 35kV 带电作业专项培训，考试合格并持有 35kV 带电作业证及上岗证 | 2 人 |

表 5-62　　　　　　　　　作 业 人 员 分 工 表

| 序号 | 作业人员 | 作业内容 |
|---|---|---|
| 1 | 工作负责人 1 名（监护人） | 全面负责带电作业现场的安全工作，指挥并协调现场工作 |
| 2 | 塔上电工 1 名 | 补装、更换或调整螺栓与销子 |
| 3 | 地面电工 2 名 | 地面配合塔上电工作业 |

#### 2. 工器具和特种车辆配备

工器具和特种车辆配备见表 5-63。

表 5-63　　　　　　　　工器具和特种车辆配备表

| 序号 | 分类 | 工具名称 | 规格/型号 | 数量 | 备注 |
|---|---|---|---|---|---|
| 1 | 防护用具 | 安全带 | | 2 副 | 一副备用 |
| | | 普通安全帽 | | 4 顶 | |
| 2 | 绝缘操作工具 | 绝缘绳 | 35kV（18m） | 1 根 | 塔上电工用吊绳 |
| | | 绝缘操作杆 | 35kV（$\phi$32mm×2m） | 2 根 | 选用 |

| 序号 | 分类 | 工具名称 | 规格/型号 | 数量 | 备注 |
|---|---|---|---|---|---|
| 3 | 金属工器具 | 紧固螺栓工具 |  | 1套 |  |
|  |  | 补装销子工具 |  | 1套 |  |
| 4 | 仪器仪表 | 绝缘电阻表（2500V 及以上）或绝缘电阻检测仪 |  | 1台 |  |
|  |  | 温湿度仪 |  | 1块 |  |
|  |  | 风速仪 |  | 1块 |  |
|  |  | 测温仪 |  | 1台 |  |
| 5 | 其他辅助工具 | 对讲机 |  | 2个 |  |
|  |  | 防潮垫或毡布 |  | 1块 |  |
|  |  | 安全警示带（牌） |  | 若干 | 数量根据现场实际情况而确定 |
|  |  | 工具包 |  | 2个 |  |
|  |  | 安全围栏 |  | 1套 | 选用 |
|  |  | 毛巾 |  | 2块 |  |
|  |  | 脚扣 |  | 2 | 选用（水泥杆） |
|  |  | 卡钉器 |  | 2 | 选用（铁塔） |

**3. 危险点分析**

危险点分析见表 5-64。

表 5-64　　　　　　　**危 险 点 分 析 表**

| 序号 | 内容 |
|---|---|
| 1 | 工作监护人违章兼做其他工作或监护不到位，使作业人员失去监护 |
| 2 | 高空落物，造成人员伤害。高空作业人员不系安全带，造成高空坠落 |
| 3 | 上下传递物件必须使用绝缘绳索，绝缘绳索及绝缘承力工具有效绝缘长度不小于0.6m |
| 4 | 地电位电工与带电体的电气安全距离不小于0.6m |
| 5 | 作业前应确认空气间隙满足安全距离要求，对于无法确认的，应现场实测确认后，方可进行作业 |

**4. 作业关键流程**

作业关键流程见表 5-65。

表 5-65　　　　　　　**作 业 关 键 流 程 表**

| 序号 | 作业关键流程 |
|---|---|
| 1 | 现场复勘 |
| 2 | 办理工作许可手续 |
| 3 | 召开班前会 |
| 4 | 现场作业准备 |

| 序号 | 作业关键流程 |
|---|---|
| 5 | 进入作业工位 |
| 6 | 验电及绝缘遮蔽 |
| 7 | 补装、更换或调整螺栓与销子 |
| 8 | 拆除绝缘遮蔽 |
| 9 | 退出带电作业工位 |
| 10 | 工作终结 |

### 5.2.6 带电清除导、地线异物

35kV 架空输电线路采用绝缘杆作业法带电清除导、地线异物。

#### 1. 作业人员资质要求及分工

本项目作业需要 5 人。作业人员资质要求见表 5-66。作业人员分工见表 5-67。

表 5-66　　　　　　　　　作业人员资质要求表

| 序号 | 责任人 | 资质 | 人数 |
|---|---|---|---|
| 1 | 工作负责人（监护人） | 应具有一定的带电作业实际工作经验，熟悉设备状况，具有一定组织能力和事故处理能力，并经工作负责人的专门培训，考试合格。经本单位总工程师批准、书面公布 | 1 人 |
| 2 | 地电位电工 | 应通过 35kV 带电作业专项培训，考试合格并持有 35kV 带电作业证及上岗证 | 2 人 |
| 3 | 地面电工 | 应通过 35kV 带电作业专项培训，考试合格并持有 35kV 带电作业证及上岗证 | 2 人 |

表 5-67　　　　　　　　　作 业 人 员 分 工 表

| 序号 | 作业人员 | 作业内容 |
|---|---|---|
| 1 | 工作负责人 1 名（监护人） | 全面负责带电作业现场的安全工作，指挥并协调现场工作 |
| 2 | 地电位电工 2 名 | 负责进行处理异物操作 |
| 3 | 地面电工 2 名 | 地面配合地电位电工作业 |

#### 2. 工器具和特种车辆配备

工器具和特种车辆配备见表 5-68。

表 5-68　　　　　　　　工器具和特种车辆配备表

| 序号 | 分类 | 工具名称 | 规格/型号 | 数量 | 备注 |
|---|---|---|---|---|---|
| 1 | 绝缘防护用具 | 安全帽 | | 5 顶 | |
| | | 安全带（配绝缘延长绳） | | 2 套 | |
| | | 手套 | | 5 双 | |

续表

| 序号 | 分类 | 工具名称 | 规格/型号 | 数量 | 备注 |
|---|---|---|---|---|---|
| 2 | 绝缘操作工具 | 绝缘绳 | 35kV | 2 根 | |
| | | 缘绳套 | 35kV | 1 套 | |
| | | 绝缘操作杆 | 35kV | 2 套 | |
| | | 绝缘滑车 | 35kV | 1 个 | |
| | | 绝缘吊点绳 | 35kV ($\phi$32mm×2m) | 1 个 | |
| 3 | 金属工器具 | 清除异物金属工具 | | 2 套 | |
| 4 | 仪器仪表 | 绝缘电阻表（2500V 及以上）或绝缘电阻检测仪 | | 1 台 | |
| | | 温湿度仪 | | 1 块 | |
| | | 风速仪 | | 1 块 | |
| 5 | 其他辅助工具 | 对讲机 | | 2 个 | |
| | | 防潮垫或毡布 | | 1 块 | |
| | | 安全警示带（牌） | | 若干 | 数量根据现场实际情况而确定 |
| | | 工具包 | | 2 个 | |
| | | 安全围栏 | | 1 套 | 选用 |
| | | 毛巾 | | 2 块 | |

### 3. 危险点分析

危险点分析见表 5-69。

表 5-69　　　　　　　　　**危 险 点 分 析 表**

| 序号 | 内容 |
|---|---|
| 1 | 工作监护人违章兼做其他工作或监护不到位，使作业人员失去监护 |
| 2 | 带电作业人员穿戴防护用具不规范，造成触电伤害 |
| 3 | 作业人员未按规定进行绝缘遮蔽或遮蔽不严密，造成触电伤害 |
| 4 | 高空落物，造成人员伤害。作业人员不系安全带，造成高空坠落 |
| 5 | 对带电体未保持规定的安全距离，造成触电伤害 |
| 6 | 作业人员同时接触不同电位或串入电路，造成触电伤害 |
| 7 | 行车违反交通法规，引发交通事故，造成人员伤害 |

### 4. 作业关键流程

作业关键流程见表 5-70。

## 5.2.7　带电检测零值绝缘子

35kV 架空输电线路采用绝缘杆作业法带电检测零值绝缘子。

表 5-70 作业关键流程表

| 序号 | 作业关键流程 |
|---|---|
| 1 | 现场复勘 |
| 2 | 办理工作许可手续 |
| 3 | 召开班前会 |
| 4 | 现场作业准备 |
| 5 | 进入作业工位 |
| 6 | 验电及绝缘遮蔽 |
| 7 | 清除导、地线异物 |
| 8 | 拆除绝缘遮蔽 |
| 9 | 退出带电作业工位 |
| 10 | 工作终结 |

### 1. 作业人员资质要求及分工

本项目作业需要 3 人。作业人员资质要求见表 5-71。作业人员分工见表 5-72。

表 5-71 作业人员资质要求表

| 序号 | 责任人 | 资质 | 人数 |
|---|---|---|---|
| 1 | 工作负责人（监护人） | 应具有一定的带电作业实际工作经验，熟悉设备状况，具有一定组织能力和事故处理能力，并经工作负责人的专门培训，考试合格。经本单位总工程师批准、书面公布 | 1 人 |
| 2 | 杆上电工 | 应通过 35kV 带电作业专项培训，考试合格并持有 35kV 带电作业证及上岗证 | 1 人 |
| 3 | 地面电工 | 应通过 35kV 带电作业专项培训，考试合格并持有 35kV 带电作业证及上岗证 | 1 人 |

表 5-72 作业人员分工表

| 序号 | 作业人员 | 作业内容 |
|---|---|---|
| 1 | 工作负责人 1 名（监护人） | 全面负责带电作业现场的安全工作，指挥并协调现场工作 |
| 2 | 杆上电工 1 名 | 主导检测零值绝缘子工作 |
| 3 | 地面电工 1 名 | 地面配合杆上电工作业 |

### 2. 工器具和特种车辆配备

工器具和特种车辆配备见表 5-73。

表 5-73 工器具和特种车辆配备表

| 序号 | 分类 | 工具名称 | 规格/型号 | 数量 | 备注 |
|---|---|---|---|---|---|
| 1 | 个人防护用具 | 防护手套 | | 2 副 | 一副备用 |
| | | 全身式安全带 | | 2 副 | 一副备用 |
| | | 普通安全帽 | | 3 顶 | |

| 序号 | 分类 | 工具名称 | 规格/型号 | 数量 | 备注 |
|---|---|---|---|---|---|
| 2 | 绝缘操作工具 | 绝缘绳 | 35kV（18m） | 1 根 | 起吊工器具用 |
|  |  | 绝缘操作杆 | 35kV（φ32mm×2m） | 1 根 | 检测绝缘子用 |
| 3 | 仪器仪表 | 火花间隙检测仪 |  | 1 个 |  |
|  |  | 绝缘电阻表（2500V 及以上）或绝缘电阻检测仪 |  | 1 台 |  |
|  |  | 钳型电流表 |  | 1 台 |  |
|  |  | 温湿度仪 |  | 1 块 |  |
|  |  | 风速仪 |  | 1 块 |  |
|  |  | 验电器 | 35kV | 1 支 |  |
| 4 | 其他辅助工具 | 对讲机 |  | 2 个 |  |
|  |  | 防潮垫或毡布 |  | 1 块 |  |
|  |  | 安全警示带（牌） |  | 若干 | 数量根据现场实际情况而确定 |
|  |  | 工具包 |  | 2 个 |  |
|  |  | 安全围栏 |  | 1 套 | 选用 |
|  |  | 毛巾 |  | 2 块 |  |

**3. 危险点分析**

危险点分析见表 5-74。

表 5-74　　　　　　　　　**危 险 点 分 析 表**

| 序号 | 内容 |
|---|---|
| 1 | 工作监护人违章兼做其他工作或监护不到位，使作业人员失去监护 |
| 2 | 带电作业人员个人安全带使用不规范，造成高坠伤害 |
| 3 | 作业人员未按规定保证对带电体有足够的安全距离，小于 0.6m，造成触电伤害 |
| 4 | 高空落物，造成人员伤害。杆上人员不系安全带，造成高空坠落 |
| 5 | 上下传递物件必须使用绝缘绳索，绝缘绳索及绝缘承力工具有效绝缘长度不小于 0.6m |
| 6 | 作业前应确认空气间隙满足安全距离要求，对于无法确认的，应现场实测确认后，方可进行作业 |
| 7 | 行车违反交通法规，引发交通事故，造成人员伤害 |

**4. 作业关键流程**

作业关键流程见表 5-75。

表 5-75　　　　　　　　　**作 业 关 键 流 程 表**

| 序号 | 作业关键流程 |
|---|---|
| 1 | 现场复勘 |

## 35kV架空线路带电作业指导及典型案例

| 序号 | 作业关键流程 |
|---|---|
| 2 | 办理工作许可手续 |
| 3 | 召开班前会 |
| 4 | 现场作业准备 |
| 5 | 进入作业工位 |
| 6 | 验电及绝缘遮蔽 |
| 7 | 检测零值绝缘子 |
| 8 | 拆除绝缘遮蔽 |
| 9 | 退出带电作业工位 |
| 10 | 工作终结 |

# 第6章 总结与展望

我国 35kV 带电作业技术的发展，经历了从起步到成熟的漫长历程。从最初的技术摸索，到现在的专业化、标准化操作，这一进步不仅体现了中国电网建设的技术升级，也展现了电力工作者的智慧与坚韧。带电作业技术的发展，不仅提高了电网运行的安全性和稳定性，也为电力行业的可持续发展奠定了坚实基础。随着电网规模的不断扩大，35kV 线路带电作业技术在保障电力供应、减少停电时间等方面发挥着越来越重要的作用。特别是在恶劣天气、紧急故障等情况下，带电作业能够迅速恢复供电，减少停电对用户的影响，保障社会经济的正常运转。

典型线路方面，35kV 线路主要包括架空线路和电缆线路。架空线路作为电网的主要构成部分，其带电作业具有作业环境开放、作业难度大、安全风险高等特点。作业人员需要面对复杂的气候条件、多变的地形环境以及高电压的风险，因此，对作业人员的技能要求极高。而电缆线路则相对封闭，作业环境相对稳定，但由于电缆线路的特殊性，其带电作业也具有作业空间有限、作业环境复杂、维护成本高等问题。针对不同类型的线路，带电作业技术也需要做出相应的调整和优化。对于架空线路，需要采取更加严格的安全措施和高效的作业方法，以确保作业人员的安全和提高作业效率。对于电缆线路，则需要研发更加专业的工器具和装备，以适应其特殊的作业环境。

在工法方面，我国 35kV 线路带电作业已经形成了多种成熟的作业方法，如绝缘手套作业法、绝缘杆作业法等。这些方法在提高作业效率、保障作业安全方面发挥了重要作用。绝缘手套作业法通过穿戴绝缘手套，使作业人员在直接接触带电设备时能够保持绝缘，从而降低触电风险。绝缘杆作业法则是利用绝缘杆进行操作，避免作业人员直接接触带电部分，确保作业过程的安全。

在装备方面，随着科技的进步，带电作业所使用的绝缘材料、防护用具等不断更新换代。新型绝缘材料具有更好的绝缘性能和耐候性能，能够提高作业的安全性和效率。同时，智能化、自动化的带电作业装备也在逐步推广应用。这些装备通过集成先进的技术和算法，能够实现对电网状态的实时监测、预警和远程控制，进一步提高带电作业的安全性和效率。

在工器具方面，针对不同类型的线路和作业需求，研发了多种专用工器具。这些工器具的设计更加人性化、操作更加便捷、功能更加全面。例如，绝缘操作杆采用高强度绝缘材料制成，具有良好的绝缘性能和机械性能，能够满足各种复杂的作业需求。绝缘垫则采用防滑、耐磨、耐候等优质材料制成，能够为作业人员提供稳定、安全的作业平台。

尽管中国35kV带电作业技术取得了显著的进步，但仍面临一些问题和挑战。一方面，作业人员技能水平参差不齐，部分作业人员对新技术、新方法的掌握不够熟练，影响了作业效率和安全性。另一方面，作业环境复杂多变，尤其是在恶劣天气、山区等环境下，带电作业的难度和风险进一步加大。此外，安全管理制度的不完善、操作规程的不规范等问题也制约了带电作业技术的发展。

展望未来，我国35kV线路带电作业技术将继续朝着智能化、自动化、高效化的方向发展。随着新能源和智能电网的快速发展，带电作业技术也需要不断创新和适应新的需求。因此，应加强带电作业技术的研究和创新，推动技术创新和成果转化，提高作业效率和安全性。同时，加强作业人员的培训和教育，提高他们的技能水平和安全意识，确保带电作业技术的顺利实施。此外，还应完善安全管理制度和操作规程，强化现场安全管理和监督检查，确保带电作业技术的安全可靠运行。同时，加强国际间的技术交流与合作，引进和吸收先进的技术和管理经验，为我国35kV线路带电作业技术的发展注入新的活力。通过不断创新和进步，相信我国35kV线路带电作业技术将在保障电网安全、提高供电可靠性方面发挥更加重要的作用，为电力行业的可持续发展做出更大贡献。

# 参 考 文 献

[1] 陈婷. 14亿人全民通电是怎样炼成的？这些珍贵的馆藏都是见证 [J/OL]. 人民号，2021-10-05/2024-01-01.

[2] 唐慧宝，陈光明. 鞍山新建供电公司中国带电作业展览馆 [J/OL]. 经济参考报，2019-12-27/2024-01-01.

[3] 丁伯剑. 山区35kV电网中性点新型运行方式的分析 [D]. 重庆：重庆大学，2005.

[4] 赵智亮. 海拔4000m以上短间隙和绝缘子串放电特性及电压校正研究 [D]. 重庆：重庆大学，2003.

[5] 王军. 低气压下棒-板空气间隙正极性操作冲击放电特性及校正的研究 [D]. 重庆：重庆大学，2006.

[6] 云南电网有限责任公司带电作业分公司. 高海拔35kV及以下带电作业绝缘杆闪络特性确定方法：中国，CN201711319735.0 [P]. 2017-12-12.

[7] 许篪，秦勇明，唐盼. 基于绝缘手套法的35kV线路带电作业安全防护研究 [J]. 中国科技纵横，2014 (15)：105.

[8] 许篪，秦勇明，唐盼，等. 35kV线路带电作业安全距离计算与放电特性分析 [J]. 电力科学与技术学报，2014，29 (2)：71-75.

[9] 胡毅，刘凯，刘庭，等. 超/特高压交直流输电线路带电作业 [J]. 高电压技术，2012，38 (8)：1809-1820.

[10] 蒋兴良，王军，胡建林，等. 1m棒—板空气间隙正极性操作冲击放电特性及电压校正 [J]. 中国电机工程学报，2006，26 (16)：137-143.

[11] 胡毅，刘凯，刘庭，等. 带电作业技术研究与标准制定 [J]. 高电压技术，2012，38 (11)：10-23.

[12] 林浩然. 基于多元统计分析的大气参数对空气间隙外绝缘影响的试验研究 [D]. 广州：华南理工大学，2012.

[13] 于亮. 低气压下110kV系统棒-板空气间隙冲击放电特性及电压校正研究 [D]. 重庆：重庆大学，2005.

[14] 刘沛. 带电作业安全距离的确定及其安全性分析 [J]. 电力设备，2018 (13)：79-80.

[15] 段姝绮，刘文娟，白雪，等. 浅析高原环境对绝缘子闪络电压的影响 [J/OL]. 科技信息·学术版，2022-08-15/2024-01-01.

[16] 尹越. 高压外绝缘试验环境修正及其程序化 [J]. 科技专论，2012：426-427.

[17] 张方磊，邓中原，宋凯. 浅析 35kV 带电作业方法及防护用具应用 [J]. 电力系统装备，2020 (17)：57-59.

[18] 黄旭. 35kV 输电线路实施中间电位带电作业安全方法的研究 [J]. 电气应用·冶金电气，2015，34 (20)：58-61.